季学源　竺小恩　柳一兵　胡玉珍　冯盈之 / 主编

红帮发展史纲要

红帮

人生归有道，衣食固其端。

——陶渊明

本书由浙江纺织服装职业技术学院文化研究院与宁波市奉化区文化和广电旅游体育局合作完成

红帮文化丛书　主编　郑卫东

ZHEJIANG UNIVERSITY PRESS
浙江大学出版社

图书在版编目（CIP）数据

红帮发展史纲要 / 季学源等主编. —杭州:浙江
大学出版社,2020.11
ISBN 978-7-308-20564-1

Ⅰ.①红… Ⅱ.①季… Ⅲ.①服装文化—文化史—宁
波—高等职业教育—教材 Ⅳ.①TS941.12

中国版本图书馆 CIP 数据核字(2020)第 171084 号

红帮发展史纲要

主编 季学源 竺小恩 柳一兵 胡玉珍 冯盈之

组稿策划 朱 玲
责任编辑 朱 辉
责任校对 陈丽勋
封面设计 春天书装
出版发行 浙江大学出版社
（杭州市天目山路 148 号 邮政编码 310007）
（网址:http://www.zjupress.com）
排 版 杭州中大图文设计有限公司
印 刷 杭州高腾印务有限公司
开 本 710mm×1000mm 1/16
印 张 13.75
字 数 212 千
版 印 次 2020 年 11 月第 1 版 2020 年 11 月第 1 次印刷
书 号 ISBN 978-7-308-20564-1
定 价 49.00 元

总　序

　　党的十八大报告指出："文化是民族的血脉，是人民的精神家园。"党的十九大报告强调："文化是一个国家、一个民族的灵魂。文化兴国运兴，文化强民族强。没有高度的文化自信，没有文化的繁荣兴盛，就没有中华民族伟大复兴。要坚持中国特色社会主义文化发展道路，激发全民族文化创新创造活力，建设社会主义文化强国。"

　　在建设社会主义文化强国，增强国家文化软实力，实现中华民族伟大复兴中国梦的伟大征途上，文化自信是更基本、更深层、更持久的力量。因此，在国际大家庭中，中华民族要想真正立于不败之地，就必须重视并不断挖掘、传承和发扬自己的优秀传统文化，包括中华服饰文化。正如中共中央办公厅、国务院办公厅印发的《关于实施中华优秀传统文化传承发展工程的意见》所指出的那样，要"综合运用报纸、书刊、电台、电视台、互联网站等各类载体，融通多媒体资源，统筹宣传、文化、文物等各方力量，创新表达方式，大力彰显中华文化魅力"。在国家的文化大战略之下，我校组织力量编辑出版"红帮文化丛书"可谓正当其时。

　　红帮是中国近现代服饰业发展进程中一个十分独特和重要的行业群体，也是值得宁波人骄傲和自豪的一张耀眼的文化名片，由晚清之后一批批背井离乡外出谋生的宁波"拎包裁缝"转型而来。20世纪30年代，由7000年河姆渡文化滋养起来的红帮成名于上海，并逐渐蜚声海内外。如今"科技、时尚、绿色"已成为中国纺织服装产业的新定位,作为国内第一方阵的浙江纺织服装产业正向着集约化、精益化、平台化、特色化发展,宁波也正处于建立世界级先进纺织工业和产生世界级先进纺织企业的重要机遇期。新红帮人正以只争朝夕的时代风貌阔步向前。

红帮在其百年传承中,不但创造了中国服饰发展史上的多个"第一",而且通过不断积淀生成了自己独特的行业群体文化——红帮文化。在中华母文化中,红帮文化虽然只是一种带有甬、沪地域文化特征的亚文化或次文化,但就行业影响力而言,它却是中国古代服饰业的重要传承者和中国现代服饰业的开拓者。一个国家的文化印象是由各行各业各个领域的亚文化凝聚而成的,每个人的态度、每个群体的面貌,都会在不同程度上潜移默化地影响这个国家主文化的形成和变迁,影响中国留给世界的整体文化印象。从这个意义上来说,红帮文化当然也是国家主文化的重要构成因子,因为它除了具有自己独特的服饰审美追求之外,也包含着与主文化相通的价值与观念。

红帮文化是历史的,也是现实的。红帮文化的核心内涵是跨越时代的,今天,红帮精神的实质没有变,反而随着时代的发展有了新的内涵,其价值在新时代依然焕发出光芒。

中华服饰作为一种文化形态,既是中国人物质文明的产物,又是中国人精神文明的结晶,里面包含着中国人的生活习俗、审美情趣、民族观念,以及求新求变的创造性思维。从服饰的演变中可以看出中国历史的变迁、经济的发展和中国人审美意识的嬗变。更难能可贵的是,中国的服饰在充分彰显民族文化个性的同时,又通过陆地与海上丝绸之路大量吸纳与融合了世界各民族的文化元素,展现了中华民族海纳百川、兼收并蓄的恢宏气度。

中华民族表现在服饰上面的审美意识、设计倾向、制作工艺并非凭空产生的,而是根植于特定的历史时代。在纷繁复杂的社会现实生活中,只有将特定的审美意识放在特定的社会历史背景下加以考察才能窥见其原貌,这也是我们今天所要做的工作。

中国历史悠久,地域辽阔,民族众多,不同时代、不同地域、不同民族的中国人对服饰材料、款式、色彩及意蕴表达的追求与忌讳都有很大的差异,有时甚至表现出极大的对立。我们的责任在于透过特定服饰的微观研究,破解深藏于特定服饰背后的文化密码。

中华民族的优秀服饰文化遗产,无论是物质形态的还是非物质形态的,可谓浩如烟海,任何个体的研究都无法穷尽它的一切方面。正因为如此,这些年来,我们身边聚集的一批对中华传统服饰文化有着共同兴趣爱好的学者、学人,也只在自己熟悉的红帮文化及丝路文化领域,做了一点点类似于海边拾贝的工作。虽然在整个中华服饰文化研究方面,我们所做的工作可能微不足道,但我们的一些研究成果,如此次以"红帮文化丛书"形式推出的《红帮发展史纲要》《宁波传统服饰文化》《新红帮企业文化》《宁波服饰时尚流变》《丝路之绸》《甬上锦绣》,对于传播具有鲜明宁波地域文化特征及丝路文化特征的中华传统服饰文化,具有现实意义。

本套丛书共由6本著作构成,其基本内容如下:

《红帮发展史纲要》主要描述红帮的发展历程、历史贡献、精湛的技艺、独特的职业道德规范和精神风貌,并通过翔实的史料,认定红帮为我国近现代服装发展的源头。

《宁波传统服饰文化》以宁波地域文化和民俗文化为背景,研究宁波服饰的文化特色,包括宁波服饰礼俗、宁波各地服饰风貌,以及服饰与宁波地方戏曲、舞蹈等方面有关的内容。

《新红帮企业文化》从数千个宁波纺织服装企业中选择雅戈尔、太平鸟、博洋、维科等十几个集团作为样本,描述了宁波新红帮人在企业文化建设方面的特色和成就,揭示了红帮文化在现代企业生产、经营、管理等各项活动中所发挥的积极作用,展示了红帮文化长盛不衰的独特魅力。

《宁波服饰时尚流变》以考古文物和遗存为依据，划分几个特征性比较强的时代，梳理宁波各个历史时期的服饰文化脉络，展示宁波服饰时尚流变。

《丝路之绸》以考古出土的或民间使用的丝绸织物（包括少量棉、毛、麻织物）为第一手材料，结合相关文献，讲述丝绸最早起源于中国，然后向西流传的过程，以及在丝绸之路上发生的文明互鉴的故事。

《甬上锦绣》以国家非物质文化遗产"宁波金银彩绣"为研究对象，从历史演变、品类缤纷、纹样多彩、工艺巧匠、非遗视角5个方面进行探讨。

概括地讲，本套丛书有两大特色：一是共性特色，二是个性特色。共性方面，都重视对史实、史料、实物的描述，在内容编排上也都力求做到图文并茂，令读者赏心悦目；个性方面，无论是在内容组织上，还是在语言风格上，每位作者都有自己的独创性和只属于自己的风采，可谓"百花齐放、各有千秋"。总之，开卷有益，这是一套值得向广大读者大力推荐的丛书。事实上，我们也计划每年推出一本，在宁波时尚节暨宁波国际服装节上首发，以增强其传播效果。

习近平总书记在全国教育大会上特别强调，要全面加强和改进学校美育，坚持以美育人、以文化人，提高学生审美和人文素养。高等学校是为国家和社会培养人才的地方，通过文化建设教会学生并和学生一起发现美、欣赏美、创造美，也是贯彻落实德智体美劳全面发展教育的一项重要举措。我们学校是一所具有时尚纺织服装行业特色的高等职业技术学校，又地处宁波，打造校园红帮文化品牌，推进以红帮精神为核心的红帮文化在新时代的传承与创新，是我们义不容辞的教育责任和社会责任。

本套丛书既是我们特色校园文化建设的成果，也是宁波区域文化以及时尚文化的成果。所以，我们做这样一套丛书，除了宣传红帮文化，并通过申报"红帮裁缝"国家级非物质文化遗产以提升红帮文化的社会影响力之外，也是为了把校园文化、产业文化、职业文化与地方文化做一个"最佳结合"的载体，推介给广大教师和学生，供文化通识教育教学使用。

　　本套丛书是由浙江纺织服装职业技术学院文化研究院与宁波市奉化区文化和广电旅游体育局联合成立的红帮文化研究中心组织实施的一项文化建设工程，每位作者都以严谨、科学的态度，不断修改、完善自己的作品，并耗费了大量宝贵的个人时间和心血。在此，我谨代表本丛书编委会向各位作者表示最衷心的感谢！此外，一并感谢浙江大学出版社给予的帮助，感谢宁波时尚节暨宁波国际服装节组委会提供平台并给予大力支持。

郑卫东

2020 年 6 月 30 日

于浙江纺织服装职业技术学院

总

序

前　言

　　红帮,是中国历史上一个具有重要历史性贡献的服装创新群体。

　　红帮出现于19世纪末20世纪初的浙江宁波地区。随着服装改革的深入、近现代服装业的迅猛发展,这个群体迅速扩大,遂成宁波从事近现代服装业人士的总称。

　　如果说孙中山先生是中国现代服装变革的倡导者、"总设计师",那么红帮裁缝就是这场变革的主要践履者、总工程队。红帮裁缝参与了对中国封建服制的颠覆,揭开了中国服装近现代化的第一页;他们以他们在中国近现代服装史上开创的若干个"第一",在中国服装史上树立了一尊全新的里程碑。

　　红帮是中国服装史上从业人数最多、分布地域最广、历史功绩最大、影响最为深广久远的一个服装流派。

　　我们应该确立红帮在中国服装史上的开创性地位;探讨他们的发展历程;研究他们特有的行业伦理道德、帮口品格风范、独特工艺;准确概括出红帮精神来,予以传承、创新,为我国服装的现代化提供历史经验、精神动力。这是我们编撰《红帮发展史纲要》的缘由和宗旨。

　　我们曾经参与编写过《红帮服装史》,那是一个红帮研究早期的阶段性成果。此书出版之后,引起了服装界、文化界、史学界和新闻界的广泛关注、热忱评论,其中的原始资料和原创观点,被各界大量地引用、引述,在很多著述、文献和新闻报道中,都能看到此书的材料和观点。但我们写作该书时掌握的材料尚不充分,研究工作尚处于起步阶段,

1

前
言

对一些原始采访记录缺乏考校,因之,从资料到论述均有些疏失、不足之处。8 年后,我们听取了各方面的意见,进一步发掘了红帮史料,同时,组织更多研究人员,对红帮名称、红帮的源头与红帮产生的背景、发展历程、历史贡献和红帮精神等方面重新做了分析、综合,从而形成《红帮裁缝评传》一书。其后 3 年,我们又做了进一步的考查、研讨,编写了《红帮裁缝评传》增订本。6 年后,我们修订了《红帮裁缝评传》增订本,形成了这本《红帮发展史纲要》。以后,我们将根据新发现、新需求,继续做修订工作。

目前研究中国服装史的书中最薄弱的是近现代部分,这是服装研究界公认的。近现代部分为什么薄弱? 主要原因是:没有找到中国近现代服装业的开创者、中国服装现代化的主力军。《红帮发展史纲要》从大体上探索、解决了这个问题。希望后续研究中国服装史的相关著作能解决这个问题。

季学源

2020 年 5 月 28 日

CONTENTS>>>>
目 录

红帮发展史纲要

红帮发展历程评述

季学源

红帮,是中国近现代形成的一个很大的服装革新群体。他们是颠覆中国旧服制的主力军。他们在中国服装史上树立了一尊全新的光辉的里程碑。他们揭开了中国服装业近现代化的第一章。他们成为中国服装史上最大的一个服装流派。

一、"红帮"名称的由来

(一)说"帮"

帮,源于行(háng)。行,原是古代买卖交易的场所。在这种场所中交易的人们,渐渐按相同的交易内容,结伙成群,名之为"行贩""行贾"(gǔ)。汉代文献中已有记述,如《乐府诗集·孤儿行》:"兄嫂令我行贾,南到九江,东到齐与鲁。"《史记·货殖列传》:"故南阳行贾尽法孔氏之雍容。"至隋代,虽然工商业仍被儒家视为"末",但随着生产力的提高、社会生活的改变,行贩、行商还是有所发展,仅东都(今洛阳)的商业区丰都市已有120行。到南宋,仅临安(今杭州)一地已有440行,所以有些学者认为当时工商业已开始摆脱"末"的历史地位,不再是"农"(本)的附属。

至明代中叶,市民开始登上历史舞台,"工商皆本"的思想已呼之欲出[1],于是各种商业、手工业者以职业为依据,搭帮结伙,形成各自的帮口、帮派。

帮,在旧中国,原是封建性的民间社团。其主体是由农民和手工业者沦落而成的大佬、流民、地痞、恶棍结集而成的,如青帮、洪帮。他们往往为某种政治团体所利用,参与某些政治活动。但随着工商业的发展,工商业者的经济地位、社会地位的提升,以工商业者为主体的帮派渐次淡化党派政治,全力从事本行业的职业活动。虽然有时也介入某些政治活动,如五四运动、五卅运动等,但毕竟以本业为主务。

随着生产规模、生产方式、经营理念的发展和更新,"公会"之类行业、帮口组织应运而生。红帮裁缝已经由带着剪刀、尺子走街串巷寻求生意的流浪者,变为开店铺,办作坊,使用缝纫机械,走上机械化之路的业主。他们开始以现代商家的身份登上社会舞台,已经和封建帮派青帮、洪帮之类性质根本不同了。

1927年11月,上海红帮人士发起筹建"新服式同业公会",1929年1月更名为"上海市西服业同业公会",后又几次更名,但都称"同业公会"。这种公会先后在全国各大中城市成立,发展迅速,均以红帮人士为骨干和主要领导成员。这时,红帮已不再是自在地散漫于城市街巷中的松散行帮,而是一个有组织纲领、章程,机构相当健全,有多方面统一行动的现代性社群组织了。

(二)说"红"

关于"红",迄今已有如下说法。

1. "红"即奉化县的"奉"

"红"与奉化县的"奉"声韵相近;奉化又是红帮主要发源地之一,人数众多;1915年10月奉化县已有裁缝(本帮和红帮)二三千人,为统一行规、行风、伦理道德,奉化县知事专门发布公告,并于同年秋天成立"成衣公所"。[2]由县政府专为服装行业发布带有根本意义的文告,并有落实行为,在当时实属罕见,很有意义。由此,有人认为红帮即奉帮。此说自然是有其依据的,但其涵盖面不够广阔。宁波地区的每个县,当年都曾出现过红帮名师、高手、裁缝世家,比如慈溪县的裁缝于18世纪70年代已经在北京成农业中大显身手,形成了"浙慈帮",在北京前门外晓市大街创建了浙慈会馆。这些裁缝的后代,有一些后来与时俱进,改做西式服装、现代服装,所以,应该认为本帮裁缝是红帮裁缝的前辈,有传承关系。再如宁海县前童镇曾以"三百把剪刀"著称于中国服装界,他们曾于清光绪初年(19世纪70年代)在"三北创成衣作场"。其他各县也都有创业于19世纪的红帮裁缝。所以2001年开始编著《红帮服装史》的时候,主编便提出:红帮的主要源头在鄞县、奉化县,即"奉化江两岸"。这是一个新提法。并且认为:红帮之源,并不是单源的,而是多源的。[3]

2. "红"源于"红毛"

"红毛"是早年中国民众对早期来华欧洲人的通俗总称。因为他们的头发呈红色,成为当时民众区别欧美人与东方人的首要、主要特征。当时,还有人称外国人为"老毛子""金发女郎",也是与外国人的头发颜色有关的。南方人则把欧美人称为"红毛人"。这是民间约定俗成的说法,就如同后来群众称外国人为"老外"差不多。

"红毛"之说,是有历史文献可证的。

清康熙《台湾舆图》中有一地标谓"红毛楼";《定海厅志》卷17《关市》记述,清康熙至乾隆年间,宁波府所属的定海县专门设有与英法等国商人进行贸易的"红毛馆";《普陀县志》有关于"红毛扰山记"的记述,"约在康熙四年,'红毛'以郑氏踞其巢窟,遂浮海劫掠",这里的"红毛"指曾被郑成功驱逐的占据台湾的荷兰侵略者。

因为红帮裁缝早期主要是为这些"红毛"以及为他们服务的买办、翻译、中文秘书、跑街、看门人以及与外国人为伍的中国人修补、缝制西服的,遂被称为"红帮裁缝"。

民国《鄞县通志·文献志·工业》和《乡风》称:"自海通以还,工人知墨守旧习不足与人相竞争,于是舍旧谋新,渐趋欧化。若成衣,若土木……东南两乡业此者孔多。成衣、土木,名之曰红帮裁缝、红帮作头。""……沪汉各地,凡为西帮裁缝者,不问而知为(鄞县)南乡人。"(见图1)"西帮裁缝"即红帮裁缝。

图 1　鄞县通志

红帮发展史纲要

3."红"源自上海虹口

董涤尘先生在《杭州西服业见闻》一文中说:"杭州西服源自上海,19世纪80年代黄浦江边有一批本帮裁缝,为外国人修补翻做西装,掌握西服款式结构和工艺,经过探索,成为西服裁缝。他们大多住在虹口镇,民众误以为他们有帮会色彩,遂称他们及其弟子为虹帮师傅,因专做外国人服装,又叫外国裁缝。"[4]据当代学者考察,红帮裁缝及红帮名店大多在南京路以及靠近黄浦江的几条马路中,住在虹口镇的也有,但并非红帮主体。此说聊备参考。

4."红"源于红火的"红"

有人说:红,源自红帮生意红火。20世纪20年代之后,做传统中式服装的本帮裁缝生意日趋凋敝,而做西式服装的西式裁缝生意日渐红火,于是有人称他们为红帮裁缝。此说未见于文献,有望文生义之嫌,似不足据。

将以上几种说法加以比较,"红毛说"依据似较充分,且能反映红帮裁缝的发展历程,他们确实是从引进、制作西服开始他们的服装创业生涯的,而且,不受他们的出生地域(宁波地区各县)、从业地域(东西南北各地)、所做西服流派的局限,凡是引进、制作西服,进而创发、制作现代中国服装的裁缝,都是红帮裁缝。而且,随着机械化、规模化生产和经营理念和方式的现代化,红帮便开始泛化了,不只指剪裁和缝纫服装的手工业师傅,而且包括红帮商店中的设计人员、辅助人员、管理人员、营销人员等。这种泛化,是红帮事业发展的必然现象。

"红帮"见诸文献,最早是 1920 年的《夏口县志》:"汉口成衣业分浙江衣帮和汉口衣帮,西服业称红帮。因大多从师于浙江人。"[5]

夏口是古地名,清光绪二十四年(1898)分汉阳县汉水以北地区而建,治所在今武汉市。1912 年改为县。这一新概念表明,1920 年以前,"红帮"一词已经出现。20 世纪 30 年代编印的《鄞县通志》不但出现了"红帮裁缝"这一概念,而且作了背景介绍:"海通以还,商于沪上者日多,奢靡之习,由轮船运输而来,乡风为之丕变……时式服装甫流行于沪上,不数日,乡里人即仿效之,有莫之能御者矣。衣服之制,五十年来迭经三变。"宁波邻近各县,莫不如此。镇海、慈溪两县是"宁波帮"主要发源地,自然欧化之风流行迅速;鄞县、奉化两县是红帮的主要发源地,"服制"之变,自然超乎其他各县。

1948 年 4 月发行的《上海市大观》在《同业团体》一节中说:"民国元年,上海大小同业团体已不下八十家,除总商会性质之'商务公所'外……称作'公所'的有石匠、水木、浙宁水木、铁锚、成衣(红帮裁缝)……"

在新编《武汉商业志》中,还有这样的记述:"包括南京在内,或合绍兴,称宁绍帮。"还有"浙江帮""浙帮""上海派"等提法,实际上都指红帮,都是师从红帮师傅,然后自立门户,在上海、南京、杭州、绍兴、宁波、哈尔滨、北京、天津、汉口各地创业的红帮传人。上海轩辕殿成衣公所等有关文献中的"洋帮裁缝""西式裁缝"之说,[6]实际上都是指红帮裁缝。在学术研究过程中,这些概念应予统一。

二、红帮产生和发展的历史背景

红帮,这个中国服装史上人数最多、分布最广、成就最大、影响最深远的服装业群体,为什么会产生于宁波这块土地上呢?这绝非偶然,而是有其深刻的历史渊源和时代背景的,是内外多种因素纠结、互动的结果,其中所蕴含的历史经验是丰富的、深邃的、宝贵的,值得认真发掘、剖析、总结、记取。

兹就其地域、经济、人文、政治几个主要方面概述如下。

(一)地域背景

自六朝至明清,北方人多次大规模南迁,他们带来了中原文化、财富和人才,推进了宁波地区开发的历史进程,同时,也带来了越来越沉重的人口压力,人多地少的矛盾逐步加剧。"穷则思变",人口压力逐步转化为开拓生存空间、生存方式的内驱力。存在决定意识,这是宁波本帮裁缝——红帮裁缝产生的根本原因。

宁波人多地少的矛盾于南朝刘宋大明初年始现,这引起了南朝史学家沈约的关注,在《宋书》中他记述了这个不容忽视的人地关系紧张的情景。

东汉之后,北方战事频仍,天下大乱 300 年,"永嘉之乱"导致"百官流亡"避祸江南,宁波地区成为北人主要迁居地之一。人口骤增,人地关系失衡。再经唐宋的"安史之乱""靖康之变",大批中原人士相继南迁。宋人李心传《建炎以来系年要录》记述:"四方之民,云集两浙,百倍常时。"宋王朝南逃,使宁波这个边鄙小郡一跃而成京畿重镇,人口剧增。

据宝庆《四明志》记载,北宋政和六年(1116)宁波约有 26 万余人,至乾道四年(1168),不过 52 年,宁波人口增至 33 万人,增加了近四分之一,人均土地占有量则锐减。[7]据宋人戴栩《浣川集·定海七乡图记》记述:定海县(镇海县)政和年间(1111—1118)人均 9.12 亩,而到南宋嘉定年间(1208—1224),不过 100 来年,人均不足 6.4 亩,减少了近三分之一。而这时宁波地区可垦的土地已经不多,所以人地矛盾比以前任何时期都显得紧张。

至明清时期,宁波地区的人地矛盾更加严峻,明人王士性曾在《广志绎·江南诸省》中发出如下喟叹:"不知何以生齿繁多如此!"结果是:"禾稼所出,不足以自赡。"慈溪县"人稠地狭,丰穰之岁,犹缺民食之二三"。

至清末,鄞县的姜山镇和茅山镇,人口密度已达到每平方公里 600 多人。农业自身摆脱困境的能力已尽,经济结构调整,势在必行;民众生存方式、价值观念改变,势在必行;开展多种经营,开发手工业、商业,势在必行。鄞县的姜山镇、茅山镇,奉化县的江口镇、西坞镇,为什么会出现那么多的红帮裁缝,其根本原因概在于此。民国二十四年(1935),姜山、茅山两镇,人口密度已达每平方公里 628 人;到了 1949 年,江口、西坞两镇,人均耕地已不到 1.9 亩。农民不外出谋食,何以存活? 文献大量记述了这方面的情形:

明代陆楫在《蒹葭堂杂著摘抄·论崇奢黜俭》中写道:"若今宁绍金衢之俗,最号为俭,俭则宜其民之富也。而彼诸郡之民,至不能自给,半游食于四方。"

王士性在《广志绎·江南诸省》中谈道:在土地"半不足供"的情况下,"其儇巧敏捷者,入都为胥办……次者兴贩为商贾"。宁绍人"善借为外营","大半食于外"。

《慈溪董氏宗谱》记载:族人"跋涉数千里,吴蜀晋楚诸省,靡不历遍"。

清代光绪《鄞县志》记载:"(宁波)生齿日盛,地之所产,不给于用,四出营生,商旅遍天下。"于是至清代后期便产生了"天下无宁不成市"之民谚。这虽不免夸张的成分,但总体情况确实如此。

综合多种史料推算,1852 年移居上海的宁波人至少有 6 万人,到 20 世纪初,移居上海的宁波人已达 30 多万人,到 1948 年,上海总人口是 498 万人,宁波人为 100 万人。在服装、饮食等行业中,宁波人已占绝对优势。

《江海学刊》1994 年第 5 期发表的竺菊英的《论宁波人口流动及其社会意义》,以及宁波的《通商各关华洋贸易报告总册》涉及的 19 世纪后期至 20 世纪前期宁波外迁人口的一些数据,均可参校,兹摘录如下:1891年,181000 人;1905 年,198597 人;1920 年,926081 人。

从上列数据中可以窥见,传统农业社会中那种死水无波似的守土恋乡情怀,在宁波地区已经逐渐淡化,而且随着维新变法运动的出现,特别是资产阶级民主革命的发生和发展,宁波人外迁渐次增加;红帮的前期创业者鄞县张尚义家族、奉化县王睿谟家族和江良通家族的外迁,都典型地体现了宁波人的外迁态势。它明确表明,封建时代"安分守己"的生活方式和心理状态,已经随着社会变革的不断深入,转变为一种新的生存方式、生活理想、人生价值追求。

早期红帮的实践已经为宁波人新的人生道路的选择树立了具体而确实的参照坐标,他们到了上海、哈尔滨、横滨、符拉迪沃斯托克(海参崴)等中外城市,不但走出了"人多地少"的生存困境,多数人过上了温饱生活,而且逐步有了积累,可以开创既有益于自己又有益于社会的新事业了。这对于长期困守穷乡僻壤的农民来说,多么具有震撼心灵的力量!"移民以其特有的方式对人类历史的发展起着发酵和催化的作用。"[8]红帮在发展中,不但从不同侧面典型地证明了这一点,而且证明:他们在"催化"社会发展的同时,也"催化"着自己的人生和理想。列宁的下述论述,似乎也是可以以红帮作为适例的:"农民转向城市,是一种社会进步现象,它把居民从偏僻的、落后的、被历史遗忘的穷乡僻壤拉出来,卷入现代社会生活的漩涡。它提高居民的文化程度及觉悟,使他们养成文明的习惯和需求。"[9]人地矛盾形成的压力转为驱动力,使宁波裁缝毅然揖别故土,怀着种种憧憬移居城市,涉足与服饰有关的各种行业,取得了出色的成绩和应有的社会地位,在横滨、上海、哈尔滨、武汉,他们都是有口皆碑的"宁波三把刀"(缝纫刀、理发刀、厨刀)的主体。还应该看到,在移民中,红帮人多数不是单纯谋求生存型的,也不是单纯事业发展型的,他们由农村转入城市之后,多数都由前者发展为后者,这是红帮人的独特之处。至20世纪前期,不管是在从业人数、地域分布、经营理念、伦理道德上,还是在对社会经济、政治、文化改革与发展的贡献上,他们都是宁波帮的主力之一。

当然,宁波地处东海之滨,这一地域因素也是不能忽视的。大海,哺育了宁波人顽强的开拓力、探索力,从而成为红帮产生和发展的一种原始动力。

海洋,向来都被先贤们视为砥砺人类生命、精神、胆略、意志的大操场,黑格尔老人在其《历史哲学》中曾说:平原,把人类束缚在土地上,把人类卷入无穷的依赖性中,"但是大海却挟着人类超越了那些思想和行为的有限的圈子"[10]。这大概就是中国人所说的"海阔凭鱼跃,天高任鸟飞"吧。梁启超对此也有过精彩阐述:"海也者,能发人进取之雄心者也。陆居者,以怀土之故,而种种之系累生焉。试一观海,忽觉超然万累之表,而行为思想,皆得……置利害于度外,以性命财产为孤注,冒万险而一掷之。故久于海上者,能使其精神日以勇猛,日以高尚。此古来濒海之民,所以比于陆居者活气较胜,进取较锐。"[11]比如,约7000年前河姆渡先民"见窍木浮而知为舟",观落叶漂因以为船,创制了独木舟和木桨,驾舟飞桨,搏击风涛,开始了拓展生活空间、发展空间的伟大实践。在几千年的承传中,宁波人不断地继承、发扬、提升蹈海事业,形成了独特的冒险精神、开拓精神和海洋意识。比如越王勾践灭吴后,大力发展"水师",增辟通海门户古句章港;东渡日本的徐福;东渡日本的朱舜水(他把先进的中国文化、科学、技术知识和技巧传授给日本人民,其中包括中国的"衣冠器用之制")。[12]清末民初,一批接一批的红帮前辈,东渡日本,考察、学习明治维新后日本的维新精神、服制改革。应该说,他们都继承和发扬了自河姆渡先人以来宁波人养成的大海性格,并将其充实,大而化之,创造出自有特质的红帮精神来。

(二)经济背景

宁波地处东海之滨,原属边鄙落寞之乡,宋以前,受儒家"厚本抑末"传统思想影响缓慢而且淡薄,因而儒家的重农抑商观念影响晚而弱,而重商、惠商观念,以及后来产生的"工商皆本"思想根基甚深,并形成一种独特的职业平等观。这一传统在"西风东渐"、辛亥革命、五四运动的历史大潮中,形成一种历史震撼力,从而成为红帮形成和发展的一种冲击力。

宁波人的商业观念是源远流长的。西汉初,宁波便出现了以贸易的"贸"字命名的县名。《舆地志》中已有记述,乾道《四明图经》也有相同的记述:"(贸县)以海人持货贸易于此,故名。而后,汉以县居贸山之阴,加邑为贸。"(贸县,即鄞县),以贸易为一个县名,可见商贸在这里具有何等重要的地位。至少表明,这里人的观念与"重农抑商"观念是相左的。

这种特具的重商、惠商传统,甚至可以追溯到春秋时期。在这个时期,已经有有识之士向越王勾践明确提出:"'农''末'俱利,平粜齐物,关市不乏,治国之道也。"[13]并出现一个备受人们注意的名商——孔夫子同时期的越国大夫范蠡。范蠡不但是一位哲学家,而且是一位杰出的政治家、军事家,他能娴熟地把他的哲学思想运用到政治、军事领域,这是越国由弱变强的一个重要的因素。打败吴国之后,范蠡便功成身退,改姓易名,到齐国开发农业,把他的哲学睿智运用于经济领域,同样取得辉煌业绩,受到齐国人的器重,拜之为相。但范蠡随后辞相散财,迁居于陶。至陶后,他专力经商,不久便成为拥有巨资的名商,故史称"范蠡三徙,成名于天下,非苟去而已,所止必成名"。[14]范蠡的传说在宁波地区广为传颂。据说宁波东钱湖陶公山就是范蠡的隐居地。"范蠡三徙,成名于天下"已经成为后世宁波大商贾的座右铭;宁波商人很多都是"非苟去而已,所止必成名"的。在重商、惠商思想的长期熏陶下,宁波的国内商贸至晋代已在相当大的范围内开展,"商贾已北至青、齐,南至交、广","西南至岭粤,东北至辽左,延袤一万四千余里"。故《宁波府志》称:"(宁波)内则联络众省,外则控制东倭","有鱼盐市舶之利,实东南之要会也。"

宁波的商贸活动是内贸与外贸发展均较早的。当封建社会经济进入鼎盛期的时候,宁波的外贸进一步发展,至唐代,宁波(明州)已成为我国对外贸易的主要港口之一。至北宋真宗咸平二年(999),朝廷在这里设立了官方的外贸专门办事机构"市舶司",每年往来日本的商船已达300余艘。贸易范围已从原先的日本、高丽(朝鲜半岛),扩展到东南亚、西亚等地区。经唐、宋、元三代的不断开拓,"海上丝绸之路"日益兴旺,宁波成为海上大通道的始发港之一。到清代康熙二十三年(1684),海禁松弛,敏感的宁波商人不失时机,"踊跃争奋",可去之处,无所不至,外贸经济得到恢复和发展。每年开往南洋的商船已在500艘以上。

悠久的重商传统和繁荣的商贸活动,日益深刻地影响了宁波人的价值取向,权贵儒士对工商业不但不再采取鄙薄、排拒的态度,而且逐步纡尊降贵,采取重商、崇商的态度。至明代中叶,诚如《鄞县通志》所说:"(鄞县)民性通脱,务向外发展,其上出而为商,足迹几遍国中。"很多读书人乐于弃文从商,而且把儒家的某些经典论述加以重新解读,演化为经商之道。有个叫戴槚生的人,还让儿子分工,有的仍走读书入仕之路,有的则专习商贾之事,以求走上发家致富之路。

这样的家族和士子到嘉靖、万历年后,在宁波府所属各县已相当普遍。明末清初,已经是"民皆不安其土",弃士从商者更多,有的世族已经把自己雄厚的财力、人才资源集中到商贸事业中去,成为工商业中最具实业意识的群体,所以有人称:"商社会首数宁波,吾浙之解事小儿,无不知宁人以商雄于中国者。"[15]至民国初,鄞县以工商业为主体的旅外(国内和海外)同乡会已有 40 余个(其中包括红帮在国内外的同乡会、公会)。孙中山说:"宁波人素以善于经商闻","即欧洲各国,亦多甬商足迹,其能力与影响之大,固可首屈一指者也。"[16]这是有充分依据的。

人稠地狭的另一个结果是产业的多元化,人力资源必然要重新组合、配置。人们逐步地形成了职业平等意识,以经济效益为价值取向、价值坐标,淡化了以"本""末"为坐标的陈旧观念,进而提升为"工商皆本"的全新理性原则。

在宁波地区,"有水走水路,无水走陆路"已成为宁波人的从业发展原则,崇实、务实、求实,农、林、渔、盐、工、商各业,只要有实利实惠可图,便有人乐于去做,以往的"小裁缝"已经变成可以衣锦还乡、造福桑梓的"大裁缝""裁神"了。于是在精神领域中,各路财神都受到顶礼膜拜。除了土地神、海神(天妃、妈祖),还有商神(财神),上海轩辕殿有了成衣公所,神农氏也兼任裁缝的祖师爷了,不但"行行出状元",而且"行行皆有神",而且众神同尊,这不正是在职业方面人格平等的理想化、神圣化的体现吗?[17]由于近代城市和工商业的发展,以及其他社会经济和文化思想诸多方面因素的综合作用,靠"穷家""熟土"难以维持一家生计的农民、乡间能工巧匠行动了,他们开始新的生活求索,告别故乡,四处探寻新的生活出路。进入城市之后，尤其是上海、哈尔滨、汉口、横滨、符拉迪沃斯托克(海参崴)这些大城市，近代工商业的繁荣和外国人的生存方式、生活情趣与价值观念，对他们产生了无法排拒的吸引力。这种吸引力，很快演变成为红帮发展、壮大的强大拉动力。

且以上海和横滨为例。

上海和横滨在亚洲国际港口城市发展史上，都是占有极重要地位的，它们是亚洲对世界开放的早期大港。开埠、开港为这两个本来的海边小镇的迅速发展打造了新起点、高起点，它们迈向现代化、国际化的情景是令人惊讶的。各种新事物、新思想的互动，使这两个城市很快发展成为商贸、实业、金融和新文化思想的中心。很多早期的民主革命家，都与这两座港城结下了不解之缘，"宁波三把刀"都是在这两个城市找到出路并建立声誉的。

正是这两个著名国际化港口的巨大吸引力、拉动力，使红帮裁缝陆续涌向这两块宝地，并由这两个地方不断向外拓展。这两个港城没有让他们失望，为他们的立足和事业逐步拓展提供了应有的条件；红帮人也没有辜负这两个港口为他们提供的历史性机遇，渐次登上了中国服装改革的历史舞台。

回首当时的情景，是十分动人的，后人可以从中悟出很多历史发展的必由之路和必然规律。

当横滨、上海这些城市起步向近代工业城市、国际港口城市发展的时候，造就了日益增多的就业机会，那些为地少人多矛盾所挤压的农民，流入这些大都市。宁波移民与外省"盲流"相比又有所不同，一方面，宁波接近上海，水陆交通方便，他们多数是先获得可靠的信息，才开始"流"向上海的。另一方面，涌向上海的宁波人，多数是能工巧匠，进入大上海，至少是可以糊口的。素来勤俭、灵活的宁波人往往不久就能积累一点资金，扩大从业范围。这样，他们便和城市形成双赢关系，互相吸引，互相拉动。从红帮裁缝来看，他们在上海走街串巷寻找到第一笔生意时，就做得特别尽心，特别精细，于是受到客户的欢迎，不但获得较好的报酬，而且形成稳固的客户关系。客户逐渐增加了,生意兴旺了,他们犹以勤俭为本,把所得"铜钱"用来扩大再生产,由摊贩向老板的方向迈进。红帮群体的创始人张尚义、王睿谟、江良通家族无不如此。他们往返于各大城市之间,形成了城市情结。到了 20 世纪二三十年代,由于导夫先路者成功的激励和先行者的频频招手、热忱劝导,涌向上海、哈尔滨、天津、汉口等城市的宁波人成群结队。在上海,宁波人已成为人数最多、事业最成功、最具优势的移民群体。[18]红帮则以服装店为所在城市做出了杰出贡献,不仅仅是"南有大上海,北有哈尔滨",在北京、汉口、香港各地,红帮的服装都是享有盛誉的。所以,对于宁波人来说,选择上海等大中城市,就等于选择体面的人生道路。按"顺势而变""为时而变"的基本规律,在实践中,他们已经习惯于应变流徙,进入与时俱进、日日向新的精神境界。祖国的东南西北,服装业中的传统服装、时装、洋装、男装、女装业,都是他们开拓事业的游乐场。城市改变了他们,他们也改变着城市。两者之间互动的内容和层次,均随时间的推移而移步换形。

(三)人文背景

服装既是文明、文化的载体,其本身也是文化现象。

原中央工艺美术学院服装系系主任刘元风教授说:"服装的竞争,最终是服装文化的竞争。"[19]张志春教授说:"21 世纪,各国家、地区、民族之间的竞争会大大加剧,服饰更是这样。而一切竞争都会归结为文化的竞争。"[20]红帮产生和发展的历史已充分证明,文化力是现代服装业发展、创新的前提和结果。

中国文化史显示:明清之际,是一个空前的发展阶段。明中叶以后,随着资本主义在长江中下游萌芽,民主启蒙思想随之在这片沃土上产生,明代心学大师王阳明解放思想,在抨击宋明理学中提倡独立思考,明确提出:"士以修治,农以具养,工以利器,商以通货。"[21]清代早期民主启蒙思想家黄宗羲在全面总结中国的历史经验教训的基础上,针对儒家的贬抑工商业的重农主义思想,第一次高度概括出"工商皆本"的思想:"夫工固圣王之所欲来,商又使其愿出于途者,盖皆本也。"[22]猛烈抨击迂儒、腐儒、规规焉小儒们"以工商为末,妄议抑之"的腐朽落后意识。这一思想上的重大突破,为工商业的发展和历史地位的提升奠定了理论基础,第一次使工商业摆脱了附属于农业经济的地位,成为立国、强国之本。在黄宗羲开创的清代浙东学派中,"经世致用"成为文化思想的核心原则,也成为一种空前的发展工商业的思想武器,忌讳"言利"的传统思想遭到了空前有力的批判,人们理直气壮地举起"工商皆本"的旗帜。宁波地区工商业者尤为活跃,他们四方出击,经营百业,屡建开辟山林之功,在很多行业档案中,宁波人开创的工商业"第一"比比皆是。

文化思想上的"西风东渐"对宁波的影响也是较大较早较深的。在"西风东渐"中,"西服东渐"又是很显而易见的。

1842年8月29日,英国用坚舰利炮迫使清王朝与英国签订了《南京条约》,之后又签订了《五口通商章程》和《虎门条约》作为《南京条约》的补充和细则。作为通商五口之一,宁波陷入了半殖民地半封建的泥潭。

《五口通商章程》是丧权辱国的不平等条约,但是,从客观的历史发展进程方面看,它使封闭的宁波面向世界。这不但刺激、促进了宁波近代经济的发展,而且,西方的一些文化思想,也从不同渠道传入宁波,从各个层面上对宁波人的生活方式、思维方法、价值取向日益产生影响。

在洋行做买办、为洋人各种办事机构工作的人、青年知识分子和富有的工商业者,都置办起西装革履之类的"行头"来。这为红帮事业的产生和发展作了最初的精神铺垫。

正是从这一时期起,中国服饰开始打破始终以纵向承传为主体、横向交流很少的近亲繁衍式的发展模式。随着"西服东渐",洋服猛烈冲击了中国传统服装的古老堤岸,传统中式服装日益显露出它的陈旧气味,本国的单一的纵向承传的服饰开始难以为继了。宁波作为沿海港口城市,是得"西服东渐"风气之先的。

整个历史进程表明,这股东渐的"西风"显然是一股不可抗御的历史潮流。而红帮裁缝正是在这一历史大潮涌来之时出现的一群弄潮儿、引领者。

对这一历史背景，我们或许可以从留学生方面获得具体而鲜明的认识。

被称为"近代中国留美第一人"的容闳，1847年赴美留学，1854年回国。经他多方奔走、呼吁，终于于1872年清廷派出了第一批赴美留学学生，接着派出第二批，共120人，其中有宁波籍学童6人。[23]

出国时，这些学生是清一色的长袍、马褂、黑布鞋(传统的服装三元结构)，脑后还拖着一条长辫子。在与西服的强烈对比中，少年们对自己的服饰形象产生了根本性质疑。不久，不少人把辫子剪掉了，穿上了西装。在清廷看来，这自然是大逆不道的，于是在1881年下令撤回全部官派留美学生(少数留学生拒绝回国)。

历史的潮流岂可阻挡！15年后，留日运动再度兴起。自1896年第一批13名中国学生赴日以后，人数逐年增加，至1905年已达1000人以上。其中不但有男青年，而且有女青年。大多数男生很快抛却了"三元结构"的传统服饰，换上了革履、西装(包括日式新服装学生装、士官服)。和留美学生一样，他们中的大多数后来都成为致力于祖国改革、振兴事业的著名政治家、科学家、教育家。受到日本明治维新成功后迅猛发展的震撼和启迪，中国的改良派、革命者和工商业者、知识分子，纷纷东渡日本考察、学习，时代的暴风雨正在酝酿中。

孙中山和黄兴一起，与在日本横滨的早期宁波裁缝共同谋划构思了中山装，引进、改造了西装，成为中国近现代服装的最初倡导者。

近代工业的发展，为上海等大城市造就了一种新的文化思想氛围，它在改革传统生产方式、经营方式的同时，也创造了新的社会组织形式，新的生活方式，促使人们的传统价值观念和心态转变。他们时时处处都会碰上的情况是："请君莫奏前朝曲，听唱新翻《杨柳枝》。"迁居上海的宁波人在新旧文化思想的交替中，是相当雍容自如的，有的甚至持超然态度，以至于有些人以"上海人"自居，向"乡下人"频频招手，把"宁波老乡"吸引到自己的行业中来，以同乡会、同业公会的形式，形成凝聚力、亲和力，戮力同心,为城市建设出谋划策、贡献才智,取得相当高的社会声誉、社会地位,风光得可以!"城市和货币制造了近代生活。"[24]大都市的生活改变了农村移民的小农心理、观念和习性,在城市生活中,他们能够不断改变自我,与城市同步乃至超前完成自我调适过程,成为移民城市的主导力量,推动城市的发展。张有松、江良通、王睿谟、顾天云及他们的子孙等红帮创世纪人物,在这方面都有不俗的表现。产业平等思想取代了儒家的"本""末"产业观念。他们以产业的实际利益为追求的目标,以产品的经济效益为主要的价值导向,张氏家族至张有松、张方诚这两代人,已脱去旧式的宁波裁缝的形象,成为具有战略眼光的企业家,他们既在横滨、东京、大阪等城市施展才华,开拓呢绒、服饰事业,又在上海大展宏图,成为生机勃发的中国现代事业的开拓者。

(四)政治背景

经济力、文化力、政治力,都是一切改革的原动力,它们在一定的历史条件下,汇集成一股巨大的历史合力。应该说,没有中国民主革命的酝酿、发动和成功,就没有红帮的发展和成功之可能。

自南宋王朝南渡之后,宁绍地区以京畿重镇的政治地位被连成一体,既是"海东藩篱",又是"赋税主贡之地""天下粮仓",又是思想活跃、颇多历史性贡献的地区,一直延续到近现代。人们逐步体会到个人与国家之关系,政治意识强化起来,出现了"满朝朱紫贵,皆是四明人"的情况,有"中兴宰相"之誉的史浩家族甚至是"一门三宰相"。[25]鄞县一县就有进士1186人、举人1620人,大多在朝中和各州、县任职。《浙江人物简志》中册所收明、清两代进士浙江全省70余州县名人368人,其中鄞县有72人,占总数五分之一左右。而这些名人多数是各方面的官吏,从事过政治活动。以黄宗羲为代表的思想家,在总结历史经验教训的基础上,向前迈出了历史性的一大步:由民族主义者转变为早期民主启蒙主义者,在宁波向全世界发出了"为天下之大害者,君而已矣"的历史呼喊,把封建专制君主宣布为人民公敌、罪魁祸首,将其推上了历史的审判席,为催生中国的民主政治体制打出了第一枪;同时提出了"工商皆本"的颠覆儒家经济、政治、思想体系的伟大口号,为不久之后萌生的"宁波帮""红帮"提供了革故鼎新的理论基础和思想武器。这是在谱写"宁波帮""红帮"发展史时必须首先阐明的重要政治思想背景。

在农民造反、民主启蒙、维新变法的吼声中,中国的封建王朝步履蹒跚地走进了 20 世纪,一场伟大的政治变革和一场伟大的文化思想变革终于爆发。这就是辛亥革命和五四运动。

辛亥革命推翻了延续了两千年的封建君主专制制度。这场伟大革命的历史功勋,不管从政治、经济、文化思想等各个方面看,都是空前的。列宁说:辛亥革命标志着"地球上四分之一的人口已经从酣睡中清醒,走向光明运动和斗争了",[26]"极大的世界风暴的新源泉已在亚洲涌现出来了"。[27]

日本早稻田大学教授浮田和民在论述辛亥革命时说:"中国成了东方第一个共和国,这将是世界历史的一个新纪元。"[28]

当武昌起义的消息传到宁波时,"甬市骚然",在同盟会宁波支部的组织领导下,同盟会会员先后多次举行集会,拥护武昌起义,宣扬革命思想,筹建革命组织。同盟会会员卢成章从上海赶来宁波演讲,号召宁波民众"抓住千载难逢的机会,去砸碎旧的枷锁,为自由和美好的政府而斗争"。1912 年 1 月 13 日至 15 日,宁波各界联合举行了声势浩大的游行,热烈庆祝中华民国临时政府成立,拥护孙中山就任临时大总统。[29] 在各项响应革命的措施中,有一项是:"易冠服。"

1916 年 8 月 22 日,孙中山身着中山装来到宁波发表演说,[30] 极大地鼓舞了宁波人民的革命热情和斗志。孙中山指出:"宁波风气之开,在各省之先,将来整顿有方,自可为各省之模范。从地位、人才而言,均具有此项资格。"[31] 并且指出:"欲求自治之有效,第一在振兴实业。"[32]

此后,宁波实业界纷纷筹组各种工商业团体,兴办各种实业。红帮正是在这之后迅速发展起来的。在辛亥革命前,孙中山等革命党人就与横滨的宁波华侨交往密切,并与他们筹划了中国服装的改革事业;辛亥革命后,有些红帮裁缝直接以各种方式参与、支持了这场革命(详见"红帮名人名店传略")。

五四运动的彻底的不妥协的反帝反封建精神,极大地推动了新文化运动的深入,政治力、经济力和文化力形成了一股历史合力,使中国社会发展获得了强大动力。从辛亥革命到五四运动短短几年时间内,人们思想解放所产生的力量是难以估量的,民族工业在这几年中的增长率,超过了以往50年的总和。同时,这种历史合力更以摧枯拉朽之势,涤荡了中国封建主义的一切腐朽落后的传统旧文化,马克思主义在中国得到迅速传播,新的科学、文化思想迅速得到越来越多的人的认同,人们如饥似渴地吸纳、运用他们所能接触到的新文化(包括西方先进文化),使这片古老的东方大地获得了新的生机和活力。宁波人民在这个历史大转折时期中,反应是敏锐而积极的,人们通过《四明日报》《浙东日报》《新奉化》等报刊,热烈传播、广泛宣扬"五四精神",进步文化社团纷纷涌现出来。工商界在这场斗争中,也是很积极的因素,起到了别的行业无可替代的作用。1921年冬,店员成立了"宁波伙友联合会"(1922年春更名为"宁波工商友谊会")。[33]他们对《新青年》等报刊进行学习和研讨,思想大受启迪。这对宁波实业的发展,产生过巨大的直接推动作用。在后来的反帝反封建的各种政治斗争和新文化活动中,他们中的很多人都是积极的组织者和参与者。

西服,产生于18世纪欧洲资产阶级革命中,几经改革之后,逐步完善、定型,19世纪末开始向世界各地传播。[34]由于它具有科学性、民主性和新颖的审美意义,遂为世界各民族进步人士所认同、欢迎,于是在全世界迅速传播开来。随着"西风东渐"的历史潮流,西服亦随之"东渐"。由于内外多种因素,中国、日本等亚洲国家政治上的改良、革命运动风起云涌,改良派和革命派都呼吁服饰改革,采用西服是其重要举措之一,尤其是革命先行者更提出"尽易旧装"的革命口号。红帮的前辈适逢其时,在革命先行者们的倡导下,适时抓住历史机遇引进并改革了西服,使之本土化、民族化,并大力加以推广;同时,在西服和日本新服启迪下,积极开创中国自己的新服装,中山装和由之派生出来的种种近现代民族服装随之产生,从而揭开了中国服装现代化的壮丽序幕。

上述政治运动、新文化运动和"西风东渐",直接导致了服装文化的大变革。在红帮的发展历程中尤为鲜明而典型地体现出来。红帮的孕育、产生和发展,完全是和中国的民主革命历程同步的,这中间,既有早期的不谋而合,也有后来的"有"谋而合,再到后来,便是有意识的合作了。没有孙中山、黄兴、徐锡麟等革命者的倡导,中国服装的改革不知要晚多少年!正是由于革命者的倡导、帮助,红帮才找到了中国服装的革新之路,服装改革才得以全面推进,获得全面成功。应该说,中国服装现代化基调的确定、革新大方向的确立,都是革命者和红帮人共同完成的。

还应该提及的是日本的明治维新。东邻这次维新运动的产生和发展有力地推动中国服制革新。

1868 年(清同治七年),日本发起明治维新运动。他们以"富国强兵,殖产兴业,文明开化"为号召,改元"明治"。自此,日本迅速由封建社会向资本主义社会转化,只用了半个多世纪的时间,就完成了西方国家用三四百年才完成的社会制度大转型的历史任务。

日本这次变法维新运动的成功,震动了全世界,对近邻中国震撼尤烈。特别是中国戊戌维新运动失败,一切有思想的中国人受到强烈震撼;1894 年中日甲午战争的惨败,对我国人民的刺激、策励尤为猛烈。特别是革新者、革命者已清楚地看到,"东渐"西风吹到中国和日本时是颇为不相同的。日本改革者毅然摒弃旧制,采用西方的先进社会制度、先进科学技术,并加以改进,迅速结合本国实际,加以践履,产生效果。于是,很多有识之士,包括清朝官员,以康有为和梁启超为首的改良派人物,以孙中山为首的民主革命家,大批明智思变的知识分子、青年学子以及普通工商业者,忍辱负重,立志发愤图强,纷纷东渡日本,考察、学习日本的维新经验,并且把向日本取经作为"西风东渐"的捷径。在这股东渡大潮中,就有很多宁波裁缝,他们到日本去,主要是考察、探索"西服东渐"的经验。在明治维新中,为了彻底改革旧制,1871 年日本政府就颁布了《散发脱刀令》,

次年又颁布了第 373 号《太政官布告》，废除封建礼服，改用西式服装。[35]
雷厉风行，服饰改革甚速。对孙中山先生多年来号召改革服制、康梁变法派多年来上书要求改革服制都无成效的中国人来说，日本的成功经验是现实而又易于学习的，所以，红帮前辈张尚义的子侄、王睿谟、江良通、顾天云等，趋之若鹜，接踵而至日本横滨、东京、神户等城市，有的考察、实习后即回国创业，有的留在日本开办洋服店，有的则频频往返于"一衣带水"之间，顾天云先生还从日本去西服的发祥地欧洲作进一步的考察。因为行之有效，产生了连锁效应，颇有"一人唱之，万人和之"的气象，其后去日本、俄国、朝鲜学习、考察的"西式裁缝"日益增多。到 20 世纪 20 年代，他们中的很多人，都成为红帮的元勋和创业者、中国服装革新的领军人物和骨干分子。创制中山装的构想，最早也始于日本横滨，孙中山等革命先行者多次去那儿，并依托在这个港口城市中的华侨，建立了筹划革命的一个据点。孙中山第一次至横滨，前往欢迎的人群中，就有裁缝们。所以，孙中山等人以后和他们常有交往，在筹划革命大计的时候，也考虑到"改正朔，易服制"的问题，与过去的封建帝王的改朝换代的"易服"不同，他们是要"一改旧制"，进行一次空前的服制革命。在孙中山的服制改革思想中，革命成功之后，仅仅引进西服、日本的学生装、铁路工装和士官服之类是远远不够的，还必须创制中国的新国服。幸运的是这一伟大构想落到了宁波新式裁缝的肩膀上，他们成为参与、完成中国服装现代化历史使命的主力军，红帮正是在这一伟大历史征程中发展、壮大起来的。

红帮是时代之子。

三、红帮的发展历程

红帮，是有一个完整的孕育、发展过程的，很值得探讨。

从 1817 年建立的上海轩辕殿成衣公所的有关史料中（史料存于上海博物馆），我们知道，创建此殿的本帮裁缝后来有些人改做"洋装"，被称作"洋帮"（但他们是什么时候改做"洋装"的，尚难以考定）；后来，从轩辕殿成衣公所分化出来,在虹口创办了"三蕊堂成衣会所",[36]他们是以做西式女装为主的。据初步考察,那已是20世纪的事情了。

据民国《塔山童氏谱志》记述:光绪初年,宁海县前童沈坑吞的童汉贤兄弟已在镇海、慈溪、余姚结合部的"三北"地区创办三北成衣作坊,至20世纪30年代已有上百人(这些裁缝在什么时候改做西服的,迄今无文献可征)从事此业。

明末清初,慈溪县的一批本帮裁缝在北京成衣市场上已形成大气候,他们参与修建了北京浙慈会馆,光绪十六年(1890)重修,15年后又立《财神庙成衣行碑》(现北京图书馆收藏)。这些本帮裁缝的后代,有多少人、在什么时候改做"西式裁缝",亦待考定(见图2)。

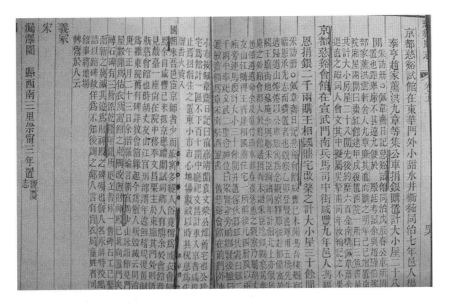

图2 慈溪县志

从"明的遗民"朱舜水的《答安东守约书》(十八)中,我们窥知,明代末年,曾有一些中国裁缝流亡日本,为朱舜水所重视,但这些裁缝是何时到日本、是否改做现代服装,也尚待考定。[37]实藤惠秀的《大河内辉声文书》中提及有一个叫邓文昌的中国裁缝在东京开服装店,但无具体史料记述。

曾被人们指称为"红帮祖师"的张尚义流落到日本,带子侄重返横滨

从事现代服装业,似乎只是乡间传说。(38)

另外,一批又一批宁波所属奉化、鄞县、镇海等地的裁缝和农民,先后去哈尔滨,俄国的乌苏里斯克、符拉迪沃斯托克(海参崴)学习、从事西式服装制作(主要是俄国罗宋式,亦作罗宋派),具体时间尚待稽定。

因为上述原因,以及后来上海、哈尔滨、北京、南京、武汉等东西南北中各大中城市中,红帮的创业情况,本帮和红帮交叉发展的情况,都很复杂,文献资料又极少(极少的文献中又有些不同记述,比如第一家红帮服装店何时由何人创办,尚有不同说法),所以我们只能根据宁波服装博物馆等有关单位20世纪80年代以后考察所获得资料以及浙江纺织服装职业技术学院10多年来的研究结果,大致为红帮的发展历程,做粗略的分期。

(一)孕育期

红帮大致孕育于西服在西欧定型并开始向东方传播的那个历史时期(19世纪中叶至20世纪初),即清同治、光绪年间。这一时期,正是戊戌变法运动和辛亥革命酝酿时期,也是日本明治维新时期,康有为、梁启超提出服饰改良要求,孙中山等革命先行者呼吁尽改旧服,这时,日本明治维新成功,服饰改革政令已推行,并取得成功。以求新求变为审美特点的宁波人在"西风东渐"的催动下,因风而起,开始跟着"西服东渐"的新时尚试探起服装新路来。

这股新潮在国内国外同时兴起。

在国内"南有大上海,北有哈尔滨",(39)大致有南北两大线路;但又有特殊情况,张尚义裁缝世家走的就是一条独特的路。

张尚义家族既不属于"南路"的上海帮口,也不属于"北路"的哈尔滨帮口。

张尚义(1773—1832),原是农民,因种田难以维持一家人生计,于是学做裁缝,借给人做传统中装赚点钱补贴家用。张尚义之子有松、侄子有福,据说还有其他亲友,后来到横滨,具体时间无法考定,创办了同义昌、公兴昌洋服店。由于大家同心协力，职工扩展至百人，除制作西服外，还兼营呢绒面料等。事业顺利发展，他们又到东京、神户开办了服装店分号。

在张尚义子侄的影响下，茅山镇附近、奉化江两岸的裁缝和农民，以张尚义的子侄为榜样，出现了“一人唱之，万人和之”的局面，越来越多的乡亲先后搭帮结伙东渡日本学习洋裁缝手艺，获得成功后，大多回国创办西服店（见图 3）。

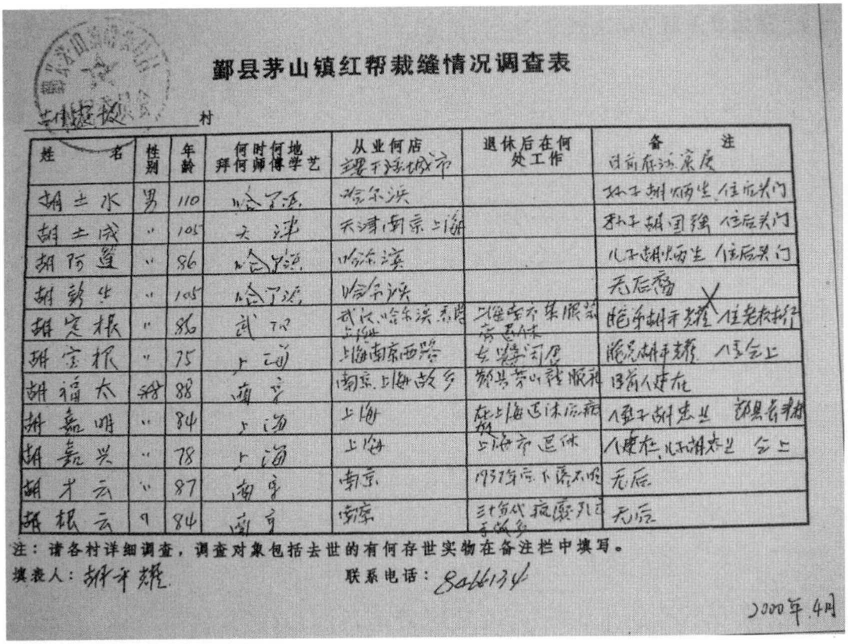

鄞县茅山镇红帮裁缝情况调查表

[illegible]村

姓名	性别	年龄	何时何地拜何师傅学艺	从业何店 主要在何城市	退休后在何处工作	备注 目前在何家庭
胡土水	男	110	哈尔滨	哈尔滨		孙子胡炳生 住后关门
胡土成	〃	105	天津	天津南京上海		孙子胡国强 住后关门
胡阿道	〃	86	哈尔滨	哈尔滨		儿子胡炳生 住后关门
胡药生	〃	105	哈尔滨	哈尔滨		无后裔
胡宝根	〃	86	武汉	武汉、哈尔滨、东北、上海	上海南京东路服装商店退休	侄孙胡开耀 住[illegible]
胡宝根	〃	75	上海	上海南京西路	[illegible]	侄孙胡开耀 住同上
胡福太	〃	88	南京	南京、上海、故乡	鄞县茅山镇服装社	目前健在
胡嘉明	〃	84	上海	上海	在上海退休后病故	侄子胡忠[illegible] 鄞县[illegible]
胡嘉兴	〃	78	上海	上海	上海市退休	健在，儿子胡[illegible] 住同上
胡才云	〃	87	南京	南京	1937年后下落不明	无后
胡根云	〃	84	南京	南京	三十年代病故于故乡	无后

注：请各村详细调查，调查对象包括去世的有何存世实物在备注栏中填写。

填表人：胡开耀　　联系电话：8461134

2000年4月

图 3　鄞县茅山镇红帮裁缝情况调查表（陈万丰提供）

据《张氏宗谱》记述：张尚义之子有松，侄子有福，孙子方城，堂孙方广（见图 4），重孙师言、师月等承传祖业，先后在日本横滨创办了胜利西服店，在东京创办了培蒙、东昌、公兴昌等洋服店。鸦片战争后，张有松、张有福先后回上海创办西服店。张氏五代人都从事服装业，成为宁波第一个裁缝世家。张方广及其子孙都受过高等教育，在横滨华侨界颇有声望。张方广曾任横滨华侨总会和京滨三江公所会长，横滨华侨总会顾问、横滨

图4 汤姆森洋服店店主张方广

中华学院顾问等职。据吕国荣主编的《宁波服装史话》以及宁波有关部门的考察资料,中山装最初就是由中国革命的先行者孙中山先生、黄兴先生等革命家与张氏后人谋划构思、初创而成的。(40)后来,上海的荣昌祥西服店又根据孙中山的意图进行修改、定型。其后,荣昌祥、王顺昌等上海的西服店都成为制作中山装的名店。

中山装,自出机杼,风格超拔,风范独特,为广大革命者、进步人士、青年学生所欢迎,于是风生水起,风靡全国,曾有"国服"之誉。中国现代史上的主要党派、政界要人,无不喜爱中山装。

与张尚义家族走同一条道路去日本学做西装的还有鄞县、奉化等县其他一些人。如姜山镇的孙通江及其子孙。据孙氏后代及同村老人回忆,孙通江在日本神户开办益泰昌洋服店的时间,大致和张尚义的子侄在横滨创办西服店的时间相近。孙通江因病回国后,益泰昌由长孙孙友益经营。不久,孙友益回国,益泰昌转交给同乡周盛赓经营,益泰昌被做大做强,其子周铭正曾任中日友好协会三江理事会会长。在益泰昌工作过的孙氏、周氏家族的人很多,如孙锦之、孙修生、孙铭利、周赓阳、周海山、周庆任、周万里等,他们后来有的定居日本,有的回国经营服装业,分别在上海、汉口、九江、南京、宁波、重庆、天津等地经营现代服装店,也都成为早期的现代裁缝世家。他们的事迹在《横滨市史稿·产业编》《横滨开港五十年史》《横滨华侨社会的形成》《日本震灾惨杀华侨案》《横滨华侨史概观·洋服店》等史料中均有所记述。

所谓南北两路,最早的当属上海轩辕殿成衣公所及其所属的宁波本帮裁缝和北京浙慈会馆所属的宁波本帮裁缝。他们的一些后辈顺时而进,因风而变,华丽转身,改做西式服装,成了"洋帮"裁缝。还有鄞县潘火桥的蔡氏裁缝家族。在上海开埠后,这个家族的一些做传统中式服装的裁缝移居上海,人数很多,开过多家成衣店。业务拓展后,又开办了绸缎庄、呢绒号、洗染坊。19世纪末至20世纪初已独自成立"蔡氏旅沪同宗会"。从其事业发展轨迹看,到19世纪末20世纪初,如果他们在上海依然只做中式旧装,显然是难以为继的,必然也有些人转身改做现代服装,或适应新旧过渡时期,兼营新旧服装。这也成为红帮的一个源头。

先说"北路":"北路",就已掌握的资料看,开辟时间应在18世纪末19世纪初。具体时间则难以厘定。

东北三省一些大中城市,在多次列强瓜分中国的战争中,已落入多国侵略者的魔掌中,服装业中早有"西风"吹来,于是,宁海、奉化、鄞县、慈溪县相继有一些本帮裁缝闯关东,在哈尔滨、长春、大连等城市探营西方服装业;有一些则到俄国的符拉迪沃斯托克(海参崴)等城市去学做俄式罗宋派西服。至1918年,在哈尔滨道里区开办西服店的已经有60余家,职工已达400人。由此可以推见其闯关东的时间(见图5)。

这一时期,北上的宁波裁缝,已知姓名的有:顾龙海,奉化县西坞镇顾家畈人,鸦片战争后即与村人闯关东,到俄国的符拉迪沃斯托克(海参崴)学做西服。学成技艺后,父子两代都在那里经营西服店。钱三德,奉化县白杜乡下沿村人,与堂兄一起,也远赴符拉迪沃斯托克(海参崴)学做西服,兄弟俩在乌苏里斯克开办了钱德泰西服店;其侄儿则在符拉迪沃斯托克(海参崴)经营同名西服店。鄞县姜山镇乔里村的陈顺来,早年在上海一家商店做学徒,后改学裁缝,清末赴符拉迪沃斯托克(海参崴)学做西服,直到第一次世界大战爆发才返回哈尔滨,与同乡合伙开办了一爿义昌西服店。还有其他一些奉化、鄞县、镇海人,先后去东北。[41]

再说"南路":到上海等地学习西式服装制作的宁波人更多。因为宁波到上海很近,

图5 红帮师傅工作过的哈尔滨市秋林洋行服装部

上海开埠前后已有不少宁波人移居上海,两地风俗习惯每多相同相近之处,占有天时地利人和诸方面有利条件。上海开埠后,外国人和穿着洋服的中国人多起来,于是,消息灵通的宁波裁缝便相继迁往上海学做西式服装,到上海"学生意"的人改学西式裁缝的也多了起来。诚如上海《黄浦区服装志》所述:"当时一些外侨和洋行大多数居住和开设在黄浦江一带,外国邮轮往来甚多,洋人也就逐渐多了起来,一些中式裁缝到船上为洋人修补服装,在修补过程中又借助国外流入的服式样本,逐渐学会洋服的缝制技术。"这些裁缝拎着包裹到外轮上兜接加工洋服生意的,当时称为"拎包裁缝"。

1862年,外商在上海福州路开办宜丰公司,兼营服装,尤受拎包裁缝们的关注。

这些早期的"小裁缝"不成气候,所以罕见文献记述。据一些家谱记述和拎包裁缝的后人传说,以及一些志书对后来的一些红帮裁缝的记述,在上海或通过上海去日本的有如下人物。

19世纪70年代,鄞县姜山镇周家埭村的周乐鸿到上海当学徒,满师后在静安寺路创办协锠西服店。后由儿子周锦堂、周钰堂分立协锠锦记和协锠钰记西服店,后来都成为红帮名店。周家埭还有周茂达、周盛赉,曾去日本横滨学做西服,在横滨开办过同义昌洋服店。周惠庭曾在上海开办泰兴呢绒西服号。周菱舫、周兰舫兄弟在上海开办过兆康号和兆记西服店。比较迟的周永泰也曾去日本横滨学做西服,回国后与侄儿周惠品在上海开办过西服店。周姓氏族中,后来还有人在哈尔滨、北京、天津、青岛、芜湖等大中城市开办过现代服装店,成为红帮发祥地的一个重要的裁缝世家。

奉化江口镇是红帮的重要源头之一。在红帮孕育期中,王昌乾是全村迁徙上海的第一人。时间是19世纪中期,他的儿子王睿谟于清咸丰八年(1858)随父亲去上海学习裁缝手艺,明治维新后,传来日本服装改革以及中国裁缝在日本学习革新服装的消息,王睿谟毅然决定去日本学习,到大阪后探骊得珠,掌握了全套西服制作技艺,光绪十七年(1891),他和几位同乡回到上海,1900年开办王荣泰洋服店,后来成为红帮名店,由中国裁缝在中国自己的城市里,用中国的面料为中国革命的先驱者之一徐锡麟制服了一套西服,被后人称为红帮"第一套西服"。[42]其子王才运后来更成为上海红帮的领军人物(详见"红帮名人名店传略")。

江良通是红帮孕育期出现的又一位"创世纪"人物。他是奉化县江口镇前江村人,他也听说很多奉化人下东洋学做西服的情景,于是和弟弟良达东渡横滨,结识了已在那里的服装界老乡,顺利学到了西服手艺,光绪二十二年(1896),兄弟俩回到上海,开创了和昌号洋服店,这是中国最早开办的西服店之一。[43]其子辅臣从上海圣芳济学院毕业后,承接父亲的事业,后来成为上海市西服业同业公会的主要领导人之一。江氏后代出现了多名红帮高手(详见"红帮名人名店传略")。

红帮孕育期中由上海或其他城市先后去日本的宁波人日渐增多,各县都有,诸如鄞县的董笙鹿、董笙奎、王震葆、邵根财曾去横滨,李贵常曾去东京,张士康、洪友钰曾去神户。鄞县胡平安曾去冲绳县志川市,孙通钿也曾旅日。奉化县的应兆文、邬德生曾去横滨,邬德生还和张有福过往甚密。慈溪县的陈圭堂、董仁梁曾旅居神户。镇海县的朱炳赉也曾去横滨。先后东渡的宁波裁缝,不胜枚举。后来,他们当中有的人留居日本,多数则回国创业。他们和他们的后人、徒弟,多成为不同时期红帮的知名人物,为红帮的辉煌事业建树了功勋。1928年编印的《宁波旅沪同乡会会员名录》有所记录。

当然,在孕育期中也有一些宁波裁缝出现在其他城市中。

据《北平市志》记述:清同治十年(1871),宁波人汪天泰便随一个欧洲人由上海到北京开办西服店。20世纪初,鄞县李玉堂在王府井开办新记行,后来曾为末代皇帝溥仪、燕京大学校长司徒雷登等做过西服。同时,宁波人张永序在北京做拎包裁缝后迁至东安市场开办张永记西服店。1892年宁波人王阿明在天津法租界6号路开办王阿明西服店。

20世纪初,鄞县陈尧章在汉口开办祥康西服店,后来包揽过法国领事馆的服装业务。

19世纪末,奉化县的李来义先到上海邬顺昌裁缝店打工,后开办苏州第一家西服店——李顺昌西服店(见图6)。

图6　李顺昌西服店

光绪年间,陈子范、陈丽生父子在杭州高乔路开办裁缝铺,数年后,陈丽生兄弟创办了万源绸缎局,曾跻身四大同行之列,成为丝绸大亨。

20世纪初,奉化人张正安应杭州广济医院院长梅藤更邀约,由上海迁至杭州,创办张顺兴洋服店,除了为广济医院职工和所属医护院校师生制作工作服装、现代服装外,扩大经营后,也为在杭外国人和开放派人士制作各式现代服装,人们称之为"外国裁缝""西装裁缝""新派裁缝",后人称之为"杭州西装鼻祖"。[44]

孕育期中,也有一些南北两路交叉的人,或先去日本,回上海后又去哈尔滨、去俄国;有的则先去北路,又回上海,再去日本。比如鄞县的陈顺来,早年在上海学生意,清末去俄国,后回哈尔滨。奉化的张少卿早年在上海当学徒,后去俄国,又回哈尔滨。奉化的杨和庆等人则先去俄国学罗宋派西服技艺,回国后又去日本,然后回宁波开办西服店,其子杨鹏云后来成为红帮裁缝中出类拔萃的一个人物。

顾天云,则是红帮孕育期中的后起之秀,他在红帮发展历程中是一个极其重要的承前启后的关键人物。

顾天云,鄞县下应镇人(见图 7),生于 1883 年,15 岁去上海做学徒,满师后即去日本,1903 年在东京开办宏泰洋服店,几年后,又由东洋去西洋,到西服发祥地考察,1923 年回国后便在上海继续经营宏泰西服店。在红帮发展历程中有三大功勋:开创红帮服装科学文化研究之先河,为红帮的光辉事业奠定了科学文化根基;编著了中国第一部现代服装专著《西服裁剪指南》,当时即被人誉为"革新之准",成为中国服装史上和红帮发展史

图 7　顾天云

上一个光辉的里程碑;在培养红帮接班人方面,顾天云更倾注了主要精力,先后参与红帮商店联合举办的服装培训班、夜校、上海裁剪学院、上海市西服工艺职业学校,不但是主要创办人,而且是主要专业教师,被誉为一代红帮名师;把科研、教学一体化,科研成果就是专业教科书(详见"红帮名人名店传略")。

图 8　2004 年 9 月 26 日在宁波召开的顾天云纪念会

在孕育期中,不但从事西服业的人数尚不很多,而且是一盘散沙,各自求学、探索,尚未形成社群,还谈不上共同目标、统一风格、统一组织,处于自在状态下。在同一城市,同一地域(如长江三角洲、长江流域、京津地区),由于多出同一师门,相互联络较多,因而具有某些原始同一性,但尚待展开,红帮概念亦尚在形成中。

(二)形成期

"西风东渐"已过百年,明治维新已过半个世纪,戊戌变法已过 20年,辛亥革命已经胜利,中国正处于社会大转型热浪中,人心思变,"西服东渐"成为一个显著标志。这一时期(1911—1920),国内本帮裁缝转身成了"西帮裁缝",在国外学习西式服装的裁缝已经学成,一批批从日本、俄国、欧洲归国创业,已成火候,于是,以上海、哈尔滨为主要基地的红帮裁缝应运而生,打出旗号。如江良通、江辅臣父子开创的和昌西服店,王睿谟、王才运父子开创的荣昌祥呢绒西服店,王廉方创办的裕昌祥呢绒西服店,许达昌创办的培罗蒙西服号。在近代"中华第一街"上海南京路上,由奉化县王淑浦王氏创办的王兴昌、王荣康(见图9)、王顺泰、汇利、荣昌祥和裕昌祥6家现代服装名店相继亮相,被誉为"南六户"。现代服装店如同雨后春笋般,在东西南北中各大中城市涌现出来。

图9　红帮名店"王荣康"

在南京,史久华率先以"玉兔"的新颖商标注册,他创办的庆丰和西服店比较开放,曾因按时高质量完成大批量革命军军服,受到孙中山的接见。还有李来义长子李宗标的李顺昌西服店等,都誉满南京。

在哈尔滨,殷伦珠创办的协兴洋服店、张定表
(见图10)创办的瑞泰西服店、石成玉创办的兴鸿西
服店等,都成为西服名店。据不完全统计,1918年,
哈尔滨的西服店已有60余家。

在长春,陈清瑞三兄弟创办的三益(后更名为
"瑞记")西服店打开了北国春城长春现代服装的第
一页,为汉族、满族、蒙古族、回族、朝鲜族等38个
民族的居民和东洋、西洋的外国人制作了款式多样
的西式服装。作为东北三省的中心城市,长春为中

图10 张定表

国现代服装业谱写了全新篇章。他们兄弟后来又回上海、宁波创业。

在北京,李秉德家族经营的新记(后更名为"新丰")西服行。李氏三
代人都经营此店,一代胜于一代,也成为一个现代裁缝世家。应元勋的应
元泰西服店,善创新颖款式,被北京人称为"摩登派"。徐顺昌西服店是继
荣昌祥、王顺泰等上海红帮名店之后,以制作中山装闻名于北京的红帮名
店,因之有"中山装专家"之誉。

在天津,20世纪初,宁波裁缝已在这个北方港口城市建立了天津制售西
装业公会,劝业场、小白楼等著名商业街都有多家宁波现代裁缝旺铺。天津
的西服以罗宋派、英美派著称,何庆锟、王阿明西服店均以工艺精良著称。
何庆锟后来还在汉口开了分店。

在济南、青岛,也有多家宁波现代裁缝商店,他们敢于在这些城市与
日本人的服装业相抗衡,在竞争中有一些名店脱颖而出,后劲尤大,诸如
李鼎诚父子经营的顺兴祥西服店、朱顺泰经营的华昌洋服店,都是在与日
本人经营的西服店竞争中发展起来的。

在汉口,宁波裁缝更得天时地利人和各方面的有利条件,很快发展起
来。汉口、武昌、汉阳是我国中部水陆交通枢纽,有"九省通衢"之称,在清
代就是洋务派的重镇,"十里帆樯依市立,万家灯火彻夜明",相当繁华,现
代服装自然因势而发(见图11)。

图 11 红帮研究者陈万丰、季学源 (左一)在武汉访红帮老人

而且,在中国近代史上,武汉亦具特别意义。1911年,清廷借实行铁路国有之名,将民办的川汉、粤汉铁路收归国有,并以铁路修筑权为抵押,向英、法、德、美4国银行团借款,激起川、鄂、湘、粤各省人民的反抗。人民的反抗遭到镇压后,发展为武装斗争。在同盟会的影响下,即决定于10月10日实行武装起义,湖南、陕西、江西等省相继响应,形成全国规模的辛亥革命。武昌起义成功后即组成革命军政府,宣布废除清朝帝制,建立中华民国。从此中国历史进入了一个新阶段。

由于上述政治、经济、文化等方面的背景,武汉三镇遂成为宁波裁缝发展事业的一大目的地。他们从宁波、上海、南京等地陆续向武汉进发,现代服装商店"一半以上为宁波人所开"。[45] 1920年编印的《夏口县志》已有如下记述:"汉口成衣业分浙江衣帮和汉口衣帮,西服业称红帮,大多数从师于江浙人。"这些衣帮,实际上大多数是宁波红帮裁缝的传人。其后在武汉发展起来的现代服装店不胜枚举。

在长沙,辛亥革命后,现代服装业也发展起来。湖南督军汤芗铭追赶时尚,邀约在上海经营同森西服店的红帮裁缝陈阿昌到长沙,1914年,在长沙再开同森西服店。宁波裁缝陆续从各地迁来,湖南现代服装业由此拓展开来。

总之,在这个不长的独特的历史时期内,宁波现代裁缝已在全国相当多的大中城市经营起现代服装业来,而且往往有大手笔,有名师出现,诸如海派西服的创制、中山装的创制与定型以及革新旗袍的崭露头角,"西服王子"、"模范商人"、服装业"四大名旦"以及"正反面阿根"等都在这一时期出现。这些都是红帮群体形成的征候。多种脱离血缘关系的横向行业组织,诸如宁波及所属鄞县、奉化、慈溪等地人士在各大中城市创立的

红帮发展史纲要

同乡会、种种会所,大行业帮口新服式同业公会也呼之欲出。红帮旗号的亮出,已是必然的事情了。

一言以蔽之,红帮的形成,是水到渠成,是历史发展之必然。

(三)繁荣期

在这个时期(20 世纪 20 年代后期至 50 年代中期),红帮人在思想意识、伦理关系、道德精神 3 个方面,都完成了群体性的转换。红帮作为一新兴创业群体,整体面貌一新,已经摆脱了旧式农民和个体小手工业者的过度个体主义和一生一世不知家外有家、乡外有乡,基本上只为自我、家庭操劳的格局(详见本节第五部分)。

繁荣期又可分为两个阶段。第一阶段是 20 世纪 20 年代后期至 40 年代后期,第二阶段是新中国成立至 50 年代中期。

红帮在 20 世纪上叶迅速形成之后,如日东升,蓬勃拓展,不但经营地域迅猛扩大,经营品种日新月异,而且,经营理念、经营风格、经营伦理、经营方略进一步明确、成熟;服装科技文化的研究、培养高水平接班人的工作,都取得空前的成就,并且形成优良传统。红帮由此进入发展的大繁荣时期。

在红帮形成后,他们得心应手,左右逢源,适时地抓住发展、开拓机遇,全面拓展,北上、南下、西进、进京,全面开花,无论是前期各地的各自为政,自我奋进,还是新中国成立后的统筹安排,组织调配,他们无不落地生根,开花结果,占领一个又一个城市的现代服装高地,锐意进取,不断从各方面拓展自己的事业空间。

在发展、拓展、创新中,也曾经历过曲折,遭遇过风浪。在第一阶段中,他们经历了北伐战争、抗日战争、解放战争、抗美援朝。长期战争中,国民经济遭到严重损害,但红帮人仍在风浪中搏击前进,继续朝着服装现代化的方向艰难奋进:创制了海派西服;中山装定型了、普及了;由中山装为母本衍化出来的多种现代服装,军装、学生装、职业制服等陆续发展起来,还创制了“毛式服装”。在第二阶段中,红帮已不再单一经营西服,同时更多地着力于各种中国现代服装的研制。应该说,这时的红帮,已不宜再称作"西装裁缝""洋帮裁缝",而是中国"现代裁缝"了。

在这一阶段中,他们每到一个城市,都为那个城市服饰业的发展做出杰出贡献,从而获得很高的社会地位,获得不少荣誉称号。在全国东西南北多数大中城市中,红帮都成为服装界的一面鲜艳的旗帜,很多红帮人成为所在城市的精英人物。风格流派进一步鲜明了、发展了,行业空间进一步扩大了,行业知名度、信誉度进一步提高了。任何其他服装群体和流派,在这些方面都是难以望其项背的。

红帮进入繁荣期第一阶段的主要标志是:各大中城市服装同业公会的普遍创立。仅鄞县一县在各地建立的同乡会、公会等已达 40 余个。这些同业组织在现代服装业的发展、红帮的群体创新中,都发挥了多方面的重要作用(见图 12)。

图 12　上海市西服公会纪念册及纪念章

繁荣期第二阶段的标志是:中山装大普及。全国城镇中,广大人民群众、干部、知识分子都穿中山装及其演绎出来的系列服装。在大普及时期中,杰出的代表作有二:

一是红帮裁缝为周恩来总理精心制作的中山装。周总理穿着这款中山装于 20 世纪 50 年代出席著名的万隆会议、日内瓦会议等重大国际活动,为年轻的新中国树立英姿俊朗、蓬勃向上的服饰形象,令人振奋。通过各国新闻媒体的热忱报道和形象表现,引起了全世界的瞩目,影响深远广泛。

二是北京红帮裁缝为毛泽东主席精心设计、制作的中山装,既有中山装的特征,又另有独特风范、独特气韵。毛主席很喜欢,在各种正式场合和重大节日、重要会议、重要活动中,都穿这套服装。

这款服装的制作者王庭淼,是 1956 年响应国家号召由上海迁京的红帮名师;田阿桐是北京红都服装公司高级服装师,青年时代在上海红帮服装店当学徒,1956 年,随店迁往北京。王庭淼、田阿桐没有照搬中山装原有的款式、造型,而是进行了大胆的改革。他们根据毛泽东的脸型、身材和气质特点,对中山装进行别具匠心的创新,将上面两个衣袋的袋盖改为弯而尖,使衣服更显出朝气和动感;下边的两个口袋比较大,整个服装较为宽舒;垫肩稍微上翘,两肩更加平整服帖;领子变化尤大,领口大,翻领大,改变了紧扣喉部的款式。毛泽东很喜爱这种中山装。从整体形象上看,穿着它显得伟岸豪迈,器宇轩昂,人们都将这种改进了的中山装称作"毛式服装"。国外的一些服装设计大师也认同这一名称,使其在国际上的影响随之加大。

通过这两款代表作,红帮的革新精神、创新能力和科技水平显现出来,红帮这一群体从此成为中国现代服装的代表队。

红帮的新成就自然不是偶然的,而是有其独特的历史依据和群众基础的,这是必须关注的。

新中国成立后,特别是抗美援朝战争胜利后,随着国民经济的恢复,广大人民群众的衣着水平普遍有所改善,根据艰苦奋斗的思想和"民族的、科学的、大众的"的文化建设总方针,中山装大普及,城乡各阶级阶层、各民族的人民,都可以根据自己的意愿和条件,选择各种各样的布料做成中山装,制作中山装也就成为红帮在这一历史时期的主要工作。

西服,在这个时期虽然产量少了,但依然是红帮的代表性作品之一。众多来华访问、工作的外国人、外交使节,都到红帮服装店定制西服。许多出国工作、访问、学习的中国人,以及从国外回国的人士,除了中山装(男子)、旗袍(女子)以外,也多备有西服。

20世纪50年代,苏联服装在我国日益流行起来,苏联服装是西式服装,完全不同于中国传统服装。为了适应广大人民群众的新需求,红帮服装店除做中山装、传统西服之外,也做苏联服装。苏联服装中影响最大的是列宁装。这是伟大革命导师列宁最喜爱最常穿着的服装,因之,人们称之为"列宁装"。列宁装最初主要是干部穿的,后来逐渐向全社会流行,穿列宁装成为时尚。苏联其他一些服装也在全国城市中流行开来,例如仿苏联坦克兵服装设计的"坦克服"、乌克兰衬衣,等等。

1956年2月,共青团中央和全国妇联专门召开过一个座谈会,也是值得关注的。这次座谈会上,讨论了改进服装式样和色彩的问题。参加座谈会的有文化部、商业部、中华全国总工会、中国美术家协会、中国花纱布公司和中国百货公司等部门和组织。座谈会认为,当时的服装式样和色彩太单调,不能反映中国人民日益美好、幸福的生活;主张根据经济、实用和美观的原则改进服装样式,丰富服装的色彩。与会者认为服装是社会、文化生活的一种表现,中国人民的生活正在越来越好,人民的服装也必须越来越美,体现时代精神,男女青年应带头把自己的服装美化起来。座谈会还讨论了在北京举行有关服装式样、花布品种展览会的准备工作,以及今后开展关于改进服装问题的宣传和讨论等问题。[46] 共青团中央机关刊物《中国青年》发表专文,号召人们穿得更美一些、多样一些,并向读者介绍了一些新颖的服装式样,女演员白杨身着新式旗袍的照片被《人民画报》选作封面,反应热烈,影响很大。北京、上海、天津等地先后举办了服装展览,上海还举行了时装表演,在人民群众中引起了很大反响。《人民日报》4月29日还报道了北京一家妇女服装商店开业的盛况。

各式花色、款式的服装涌现出来,成为20世纪50年代广大人民群众在穿着上最为活跃的一个时期。青年男女的服饰出现了一些亮丽色彩。

服装发展的新动向引起了毛泽东主席的密切关注。1956年8月,毛主席在同音乐工作者谈话时说:"表现形式应该有所不同,政治上如此,艺术上也如此。特别像中国这样大的国家,应该'标新立异',但是,应该是为群众所欢迎的标新立异。为群众所欢迎的标新立异,越多越好,不要雷同……形式到处一样就不好。妇女的服装和男的一样,是不能持久的。在革命胜利以后的一个时期内,妇女不打扮,是标志一种风气的转变,表示革命,这是好的,但不能持久。还是要多样化为好。""我们接受外国的长处,会使我们自己的东西有一个跃进。中国的和外国的要有机地结合,而不是套用外国的东西。学外国织帽子的方法,要织中国的帽子。外国有用的东西,都要学到,用来改进和发扬中国的东西,创造中国独特的新东西。搬要搬一些,但要以自己的东西为主。"[47]

1956 年 4 月 25 日,毛主席在中共中央政治局扩大会议上作了《论十大关系》的讲话,把重工业与轻工业、农业的关系列为首要问题加以阐述。毛主席的这些谈话,多处涉及服饰方面的问题,在新中国服装发展史上是具有多方面重大意义的。其一,服装应该是不断发展变化的,不应停留在一种款式、一种风格、一个水平上。其二,服装应随着时代的发展而发展,不同的时代应该有与它的特点相一致的服装。其三,鼓励多样化,鼓励标新立异,创造有中国特色的新服装。其四,服装发展也要向外国学习先进的东西,洋为中用;但学习外国并不意味着照搬照抄,而是体现民族特点,为我所用。特别具有本质意义的是,毛主席指出了服装革新的一个重要规律:"我们接受外国的长处,会使我们自己的东西有一个跃进。"就是说:服装革新,必须有横向吸纳,纵横结合,才会有大变革。

毛主席的这些讲话,指明了新中国服装的发展方向与发展、创新的原则、必由之路。

红帮从开始孕育,就是和中国革命的发展步调一致的,其后,他们始终走在中国服饰文化发展前沿,始终置身于改革、创新之中。对党和政府在新的历史条件下,所采取的新政策、新举措,红帮一如既往,积极采取措施,为新中国服装业的发展做出了贡献。1956 年 4 月至 1957 年 4 月,一大批红帮高手和红帮名店告别创业基地上海,陆续迁往新中国的首都北京;同时,又有一些红帮人奔赴边疆,支援西部建设:这些就是具有典型意义的史实。

但是,历史发展的道路总是曲折、不平坦的。1956年以后,由于"左"的和右倾思潮的干扰,由于苏联当局的背信弃义,加上"文化大革命"带来的10年动乱,我国的经济、文化发展遭到严重干扰,服装多样化的愿望、多元化的理想完全被搁置。红帮一部分人向境外移师,寻求发展,特别是在中国香港地区做出了巨大的贡献。

要具体地考察繁荣期红帮的状况,当然要从全国各大中城市来看。

图13　红帮名店协锠

首先看红帮的大本营上海。

红帮元勋王才运和他的荣昌祥呢绒西服号、王廉方和他的裕昌祥呢绒西服号及"南六户"其他商号,江辅臣和他的和昌号西服店、许达昌和他的培罗蒙西服店,顾天云和他的宏泰洋服店,以及周乐鸿父子和他们的协锠记西服店(含其子的协锠锦记、协锠钰记)(见图13、图14)等都蓬勃发展,进入繁荣期期。红帮人还在上海创造了若干个"第一":第一衬衫厂、第一内衣厂、第一缝纫机公司、第一雨衣厂、第一木纱团厂……

抗日战争期间,又出现了王宏卿、周永升等人创建的军用被服厂——华商被服厂,从上海到武汉、重庆、昆明、香港,再返回湖南,转战千里,凭职工的双肩,整体搬迁,为抗日战争立下了卓著功勋。在上海红帮人的直接支持和参与下,浙东四明山根据地自力更生,因陋就简,创办了四明被服厂,成为新四军一个后勤部,不断扩大,屡建奇功。

顾天云的服装专著《西服剪裁指南》的印行,红帮名人名店自主联合创办的上海裁剪学院、上海市私立西服工艺职业学校,由红帮为主要发起人组建的上海市西服商业同业公会等全市性行业组织的创立,表明红帮已不再是各自为战的小群体,已走向集团式的创业大群体。这是红帮进

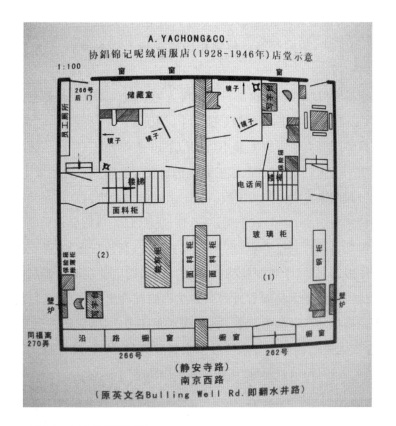

A. YACHONG&CO.
协锠锦记呢绒西服店(1928—1946年)店堂示意

图 14　协锠店面平面图

入繁荣期的一个显著标志。

　　还有楼景康和海派西服品牌的创立。楼景康是鄞县云龙镇甲村人,小学毕业后去上海学裁缝。20 世纪 30 年代进入南京路上的红帮名店雷蒙西服店,很快跻身"雷蒙名剪"的行列,不久又成为雷蒙掌门人之一。他以"七工制"的精工细作取胜,因而京剧大师梅兰芳等都成为他的主顾。最值得称道的是,在各种风格的西服争奇斗艳、激烈竞争之中,雷蒙既博纳兼容,又自力创新,以西服民族化为大目标,在红帮同仁的协同下,创立了独领风骚的名牌——海派西服,因此,1956 年上海名店进京时,雷蒙便成为其中重要一员。进京第二年,周恩来总理到雷蒙制装,紧握楼景康的手叮嘱说:"千万不要把海派西服的特点搞丢喽,也要把首都的服装业带动起来、搞上去嘛!"楼景康没有辜负周总理的期望,他不但保持海派西服风格,而且在中山装、人民装等大众名牌服装的创新方面均有建树,曾为董必武、胡耀邦等多位党和国家领导人精心制服,是红帮创业功臣之一。

戴永甫和"D 式裁剪"也是上海红帮人的骄傲。戴永甫是鄞县古林镇人,13 岁去上海当学徒,在红帮形成期中,他已是一个"文武兼备"的裁缝,在南市露香园开办了一家服装小店,此后 50 余年如一日,他始终如痴如醉地利用一切可利用的时间,心无旁骛地研究服装科技。先后发明"衣料计算盘"(获国家专利),先后出版、发表《怎样学习裁剪》《D 式服装裁剪蓝图》《服装裁剪新法——D 式裁剪》等著述(见图 15)。《服装裁剪新法——D 式裁剪》出版后,引起了学术界的高度关注。《解放日报》在关于戴永甫的报道中报道了他"十年面壁图破壁"的情景,指出他在这一领域的重大突破:"提供了国际上从未有过的服装结构的准确函数关系,是目前唯一具有理论根据的科学裁剪方法。"此书先后重印多次,印数超过百万册,获得过"全国优秀畅销书奖""全国最佳服装书奖"等奖项,全国前来向他学习、求教的人不计其数(详见"红帮名人名店传略")。

图 15　戴永甫服装专著

上海大本营中还有一位名师谢兆甫(见图 16),他创立了"裁剪缝纫传授所",为红帮在服装教育方面树立了一面旗帜。红帮人始终坚持科研与教学两者互动,服装科研带动职业教育,职业教育促进服装科研,很多在服装科研上有建树的人都运用自己的研究成果,通过多种途径教书育人,成为受人崇敬的名师。谢兆甫长期坚持举办裁剪缝纫传授所,办学条件十分简陋,收入很微薄,但他并不在意。由于他坚持学以致用和诲人不倦的原则,上海以至全国各地学员蜂拥而至,传授所兴旺了43年,直到他病逝。他的学生数以万计,遍及全国十多个省、区、市。

"裁缝状元"陆成法(见图17)也是红帮大本营中出来的名师。陆成法是鄞县下应镇江陆村人,12岁开始学艺,他善于博采众长,独创一格,因此加盟上海培罗蒙西服店后,很快成为享誉中外的西服专家,很多到上海的外国人都要找他定制服装。智利华侨、亚历山大铜矿董事长徐承德来沪请他做了一套西装,取货之后,极为赞赏,恳切要求他在上衣商标上签上名字。陆成法满足了他的要求,他兴奋地说:"这套衣服有了陆先生的亲笔签名,就身价倍增了!"陆成法还为各种畸形体型的人制作过合体的服装,这手绝活尤令人折服。由于他德艺双馨,曾被评为上海市劳模,被选为黄浦区人大代表。1995年,上海市举行"陆成法服装生涯六十年"庆祝会时,大家一致称他为"裁缝状元"。

图 16　谢兆甫　　　　图 17　陆成法

王庭淼和红都服装公司,也是上海大本营培育的。

1956年春暖花开之际,上海21家服装名店和一批高级技师,分批迁进新中国的首都,重组为雷蒙等7家国营服装店。2年后合并友谊、友联2家,之后又整合为红都时装公司。在迁京技师中,有一位叫王庭淼。

王庭淼出生于鄞县云龙镇甲村,11 岁开始学裁缝,20 岁成为一名出色的技工。1956 年,中央办公厅决定调一些裁缝到北京,专为国家领导人和外事人员做服装,挑选了 12 名技师,王庭淼成为最符合标准的人选之一。从此,他便开始了他的非同寻常的服装生涯。他和田阿桐曾为毛泽东制装,"毛式服装"成为经典性服装。他还为周总理修补过穿破的睡衣,修破如新,被传为佳话。他又曾为周总理改一件西装为中山装,当总理穿上十分合身的中山装时,连连称赞。除了中国领导人,西哈努克亲王等一

些外国领导人也都曾满意地穿上过王庭淼缝制的服装。由于他的高超技术和杰出贡献,1959 年,他受邀出席北京群英大会,其后又曾出任红都服装公司(见图 18)的第二任经理,一干就是 20 年,北京人几乎没有不知道"红都王经理"的。现在,当你走过天安门广场东侧的东交民巷时,红都的大红招牌依然会吸引你驻足观赏,你或许会赞赏:百年辉煌,红都是红帮的形象大使! 也许,人们还记得,20 世纪 80 年代末,美国总统乔治·布什来华访问,到北京机场一下飞机,就撩起西装,用标

图 18 位于北京市东交民巷的北京市红都服装公司

准的汉语对欢迎他的人们说"红都! 红都!"[48] 他所说的"红都"显然是一语双关的。这位曾任美国驻华大使的总统先生,对中国的了解确实不少。

除了上海红帮大本营涌现出来的红帮名人之外,在其他各大中城市,繁荣期中都有人堪登红帮功臣楼。

在南京。李顺昌曾于抗日战争期间迁往重庆、成都、昆明等西南地区,抗战胜利以后迁回南京,以后数十年间长盛不衰,曾获得"西服优秀设计奖""中华老字号"等称号。奉化人蒋沛庆、谢多庆,鄞县人陈渭庆都是

南京红帮的高级技师,各有绝技,誉满"石头城",时称"三庆"。1941年南京军服西服业同业公会成立,有宁波籍会员51家,宁波红帮裁缝占公会理事、监事的1/3。1945年12月,以蒋明良为首的红帮裁缝发起筹建了南京西服缝纫业职业工会,领导成员17人,有12人是红帮裁缝。1948年旅京甬商同乡会调查统计,宁波人"旅京"商店233家,其中红帮呢绒服装店有67家。

在重庆。内地有很多红帮商店迁往重庆,除南京的李顺昌之外,还有上海王士楚的王荣康西服店(抗战胜利后迁回上海)。据1941年宁波旅渝同乡会会刊记述,著名的红帮商店有董一峰的华丰、王厚甫的柏罗斯多夫、华家训的国际、乌一帆的环球、徐文有的上海服装公司、周知行的青年时装公司,等等。

在北京(见图19)。据1935年《浙江全省旅平同乡会》统计,当时,鄞县在北平(北京)的同乡会有314人,其中有115人从事西服业;奉化同乡会有64人,其中有48人从事西服业。1944年已有34家红帮店号,到1946年已有17家在北京黄金商

图19　北京市东交民巷附近多西服店

业区王府井大街经营。李秉德家族的新记(新丰)西服店都为名店,李氏也成为北京的红帮裁缝世家。成名于哈尔滨的红帮高手石成玉1946年迁京,享有"西装博士""中山装专家"的称号。红都服装公司的红帮名师余元芳(奉化人)、王庭淼(鄞县人)、陈志康(奉化人)先后出任经理,在这一时期,他们为中国服装现代化各自做出了独特的重要贡献。

在天津。在这个北方大港,没有人不知道"小白楼",那是一条服装黄金街、高级服装店集结地,而这里的服装店主绝大多数是红帮裁缝。在这些名店中,无人不知"龙头老大"何庆锠西服店,它的老板是来自鄞县姜山

的何庆丰。何氏服装以精著称,件件皆可以和正宗的英国技师之作媲美,因之,最具绅士派头的英国人,见到何庆锠都没有不翘大拇指的。除了西服正装,何庆锠也做中山装、职业装,因之,何庆锠门前总是中外顾客络绎不绝。

据1944年《天津市制售西服业商号调查表》,全市共244家西服店,其中红帮店有95家,他们既做西服、中山装,也做军服、职业制服。1948年6月天津制售西服商业同业公会领导成员共18人,其中红帮裁缝有11人。除了做男装外,在天津还出现女装高手王庆和、孙光武,他们都获得"京津女装高手"的称号。

在哈尔滨。奉化人张定表,早年在上海,民国初到哈尔滨,1929年在中央大街创办瑞泰西服店,一年四季,中外顾客盈门,这位红帮高手被誉为"东北第一把(剪)刀"。鄞县人陈宗瑜,其父亲在哈尔滨创办义昌西服店,他从宁波到哈尔滨后子承父业。他讲究工艺特色,每道工序都精工细作。1946年哈尔滨解放,缝纫业同业公会成立,他被选举为主任委员,不久,又出任军需厂厂长,在解放战争、抗美援朝战争中都做出过重要贡献。1957年被选为哈尔滨市政协委员,后又被选为常委。宁波人陈阿根缝制的西服表里如一,颇负盛名,被称为"正反面阿根"。其子祥华继承父业,1950年12月在抗美援朝战争中,曾组织技工出色完成为志愿军赶制20万套军服的艰巨任务。20世纪60年代走上领导岗位,先后任技术负责人、技术科长、技术厂长,曾被纺织工业部评为"优秀服装设计师"。

在青岛。1948年5月《宁波旅青同乡会会员登记表》中,经营服装业的有44人,占会员人数的18%。在这个外国人聚集的名城中,红帮名店、名人也很红火。

在烟台。当时烟台仅算个小城市,1945年全市经营现代服装的有36家,宁波人经营的有11家。由此可见红帮事业繁荣之情景。

在武汉。在这个"南北通衢"重镇,1934年已有西服店91家,1945年冬,西服业和军服业同业公会合并,1946年4月成立缝纫业同业公会,1948年,这个同业公会中宁波籍会员已有50家。宁波人创办的3家服装名店高誉永驻,1980年均被授予"武汉市特级商店"称号。其中,除陈尧章于1909年创立的祥康外,邹佩庭的怡和服装店创办于1936年,方才德的首家服装店创办于1944年。3家名店于1956年合并为首家,《长江日报》在征集楹联中,有一联是赞颂首家的:"欲向天工夺魁首,向鼎荆楚创一家。"

　　在香港。至20世纪30年代,香港的服装业还较落后。40年代到60年代,内地红帮服装企业移师香港的甚多。据不完全统计,香港制衣业1950年有41家,1955年增至99家,1965年已达1514家。从上海迁去的红帮名店、红帮裁缝成为香港制衣业的开拓者,成为香港工业革命的一支主力军。在1992年印行的《香港服装史》中就有明确阐述:"香港西装与意大利西装同被誉为最具有国际风格和最精美的成衣,全因香港拥有一批手工精细的上海裁缝师傅。"[49]所谓"上海裁缝师傅",其主体就是红帮裁缝。对此,《上海闲话》中做了说明:"在旧日上海,男子西装裁缝称'红帮裁缝',以宁波人最占势力。目前香港的'上海西服店',亦俱宁波人开设,一级、二级用上海裁缝无疑,即宁波裁缝。"著名的红帮名店有许达昌的培罗蒙、陈荣华的W. W. CHAN & SONS、王铭堂父子的老合兴、张瑞良的恒康、车志明的利群、尉世标的锦锠(曾为美国总统克林顿制装),等等(见图20)。

图20　陈荣华之子陈家宁(左)与东京培罗蒙经理戴祖贻

　　香港红帮名店度身定制的每一件西服,均可以作为一件精美的工艺品加以鉴赏。所以,知名的购物指南 *Gault Millau—The Best of Hong Kong* 在评价香港一家红帮服装店时说:"假如你想挑选最好的欧洲面料配合比较传统款式的西服,这家店你一定会满意,价格高一点,但物有所值,工艺和品质是完美的。"

在台北。台湾西服业发展较早较快,这为红帮向台湾拓展提供了条件。20世纪40年代末国民党政府败退台湾,带去了大批喜爱穿西服的人,同时也带去了相当多的红帮裁缝。在台湾,六七十年来,西服业的发展与大陆虽然有所不同,但从未间断过。因之,在台北有不少西服店发展成为享誉海内外的名店,汤姆、格兰等均是。这些西服店的根都在上海等地,格兰西服公司便是显例。

格兰的创始人包启新,就是20世纪40年代末随红帮师傅钱世铭由上海迁往香港的。20世纪70年代,他由香港迁往台北,创办了格兰。格兰和20世纪40年代由上海霞飞路迁往台北的汤姆一样,后来都成为台湾的顶级名店。在包启新经营近20年后,当地青年陈和平来到格兰拜师学艺。此人颇得包启新的赏识,遂成为其得意门生。陈和平不但忠实地承传了红帮的精神风范、经营理念和独特技艺,而且敢于、善于开拓创新。1992年包启新打算退休,遂将格兰交给了陈和平。陈和平不负恩师厚望,在服装设计、工艺创新、科技研发诸方面,很快取得了骄人的成果,从而昂首阔步走向国际T型舞台,积极参与国际服装顶级赛事,风采凛然地与各国服装大师切磋技艺,交流经验,进一步弘扬了红帮前辈的"洋为中用,中为洋用"的双向交流传统。从2002年起,陈和平连续多年在国际性的赛事中获得多项大奖,被台湾消费者誉为"天王级"名师,"世界级剪刀手"。陈和平先生荣获的那些大奖,也许是迄今为止中国人在国际服装界获得的最多最高的荣誉吧(详见"红帮名人名店传略")。

在西部地区。红帮裁缝挺进西部,规模较大的先后有两次。一次是抗日战争时期,为了使自己的企业免受日本侵略者的践踏,同时为了以实际行动表达爱国情怀,支援抗战,"七七事变"之后,王宏卿、李宗标等著名"红帮"企业主先后将自己的企业迁往西南各地。另一次是新中国成立后,为了支援内地城市发展服装业,开发西部广阔的沃土,上海不少红帮企业响应党和政府的号召,陆续迁往大西北,在青藏高原、黄土高原上开拓自己的事业,显示"红帮"的新风采。新中国成立后最早一批搬迁的是在1956年,上海支援边疆建设的服装业职工近500人(包括服装、鞋帽、

红帮发展史纲要

呢绒、丝绸等有关人员),一部分到北京和东北的长春,其余绝大部分是支援甘肃、新疆、内蒙古的兰州、乌鲁木齐、包头等城市。第二批支边是在1957年,上海赴甘肃、青海、西藏、新疆、山西等省的大中城市服装企业有10家,不少红帮裁缝加入了迁移的行列。

在拉萨。在这座雪域高原名城中,同样有红帮人的业绩。

红帮裁缝陈明栋,鄞县福明前洋畈人,于1935年到上海,在其父开办的惠乐衬衫厂帮工。后结识勤昌服装店的戴永甫,学习缝纫技术,并认真研读戴永甫写的《永甫裁剪法》,因此缝纫技艺进步很快。1953年,戴永甫经人引荐去了兰州,传授服装裁剪技艺,陈明栋应戴永甫之邀也去兰州,在"素云妇女服装学习班"任教,教材就是《永甫裁剪法》,半年后返回上海。1956年10月,33岁的陈明栋与宁波人孙家茂等裁缝师傅离开上海,到达雪域高原——西藏拉萨。他结合当地人的衣着习惯,设计、制作的衬有皮毛的大衣和中山装、列宁装、青年装,一推出市场就受到消费者的欢迎。1959年,因工作需要,他奉命调到青海省的格尔木。在那里,他带领一批裁缝师傅用"林芝毛纺厂"的厚实面料,制作大衣、中山装等。1969年又调到"西藏自治区驻格尔木办事处"下属的一个服务社担任服装组组长。1979年,按规定他可以退休回乡,但几次因工作需要而主动延期退休。几十年来,他与戴永甫始终保持频繁的书信往来,戴永甫将上海服饰市场的信息、自己的科研情况告诉陈明栋,陈明栋协助戴永甫研究《服装裁剪新法》。退休回上海后,他又帮助戴永甫研究《D式裁剪法》。1985年9月,陈明栋荣获西藏自治区政府颁发的"为和平解放西藏、建设西藏、巩固边防做出贡献"的荣誉证书。

在西宁。在这座西部名城中,红帮人也有可圈可点的成就。

1956年5月,在上海开往兰州的列车上,坐着一位祖籍宁波大碶周隘陈村的年轻人陈星发,与他一起踏上征途的还有50多位上海师傅。到西宁后,陈星发首先在西宁服装一厂工作,分管生产,后到西宁服装公司,任公司的技术科长,后又到公司组建的西宁市服装研究所任所长。在服装培训班和西宁市二轻中专服装班上,他从"三紧三松"老规矩讲到"推、归、拔、烫四部曲"，培养了一大批德才兼备的接班人，先后荣获西宁第一服装厂颁发的"支边创业奖"和纺织部、中国纺织总会颁发的"边疆从事纺织工作三十年贡献奖"。证书的扉页上，印有胡耀邦总书记的题词："立下愚公志，开拓青海省。"

在兰州。在甘肃的这座大城市中，自然会有红帮人的光荣纪录。

1956年春，上海红帮名店王荣康整体搬迁至兰州。王荣康创始人王士棋和其子王嘉志(曾是南京路上西服店中最年轻的老板)，设计风格新颖，又因信誉好，拥有一批固定的客户，如宋子文等国民党的官场人物与一些工商界、文艺界、金融界、医药界人士，往往祖孙三代都认定王荣康。王荣康呢绒西服店这块上海的老牌子在兰州亮相之后，当地省、市政府机关的工作人员，工矿企业的外国专家，专事接待外宾的饭店宾馆工作人员都慕名前往，门庭若市。改革开放后恢复了老字号，这家上海名店成为兰州市服装第一店。由此可见，红帮裁缝每到一处，"所止必成名"并非溢美之词。

在宁波(宁波原与鄞县合一)。如前所述，宁波裁缝多是外向型的，大多数人志在五湖四海，敢于到海内外开创事业。但也有一部分人留在故乡，或因多种原因，从外地返回故乡。

新中国成立后，宁波管辖鄞县、慈溪、镇海、奉化、象山、定海六县，是浙东的政治、经济、文化、交通中心。1932年，宁波城厢的商店中，有估衣店44家，成衣店23家，西装店7家，贳衣店8家。据《1935年各业营业状况调查表》："本埠西服业大小计30余家，'惠勒'以制军装制服业为主，'源和'以各机关服装为主。"1946年，鄞县(宁波)成衣商业同业公会制定章程，同时，建立鄞县(宁波)机制服装业同业公会，公推沈崇章为理事长。鄞县(宁波)机制服装业同业工会有会员69家，主要红帮人物有杨鹏云、林丽水、沈仁沛、孙升高等。杨鹏云，1917年生于奉化县西坞镇杨溪头村。父亲杨和庆原是一位做中式服装的本帮裁缝，但他不像一般本帮裁缝那样封闭、守旧，而是一个头脑灵活、思路开阔的新派人物。辛亥革命后，传统袍服开始退出历史舞台，西服很快在中国风行起来。1922年杨和庆顺应潮流,弃旧图新,与同乡一起先至哈尔滨后到符拉迪沃斯托克(海参崴)学习罗宋派西服裁剪、缝制技艺,之后又两次去日本学习、考察日本式和其他新西服的制作法门。1932 年,杨和庆从日本回到宁波,开办了永和西服店,在上海学艺的杨鹏云被父亲招回一起打理永和。至 1942 年永和已经成为小有名气的洋服店。他们的服装店,曾是中共地下党活动的场所,掩护、营救过被捕的共产党员。后来,他积极从事服装研究工作,在浙江省轻工业厅服装研究所工作期间,曾在浙江人民出版社出版过著作。林丽水,镇海县柴桥镇(现属北仑区管辖)河头村人。他开办的万兴祥西服号,用胜家牌缝纫机,全店 10 多个师徒分别来自鄞县、奉化和慈溪三地。沈仁沛是三一服装店店主。沈崇章之子沈仁沛到上海南京路宏泰洋服店拜顾天云为师。4 年后,沈仁沛回到宁波,带来《西服裁剪指南》。因师徒和同乡关系,抗日战争时期,顾天云几次来宁波,在沈氏父子的"三一服装店"开课收徒,传授西服工艺,与同行切磋技术。沈仁沛得恩师提携,服装店生意日趋兴旺。20 世纪 50 年代,沈仁沛编写了《最新服装裁剪法》一书,继承老师顾天云的事业,在店内开办职工培训班。孙升高是鄞县丽水孙家庄人,1900 年去朝鲜学裁缝。20 岁那年,忍受不了日本人的统治,经上海回到宁波开裁缝店。抗战之前,孙升高去哈尔滨,后又返回宁波。抗战爆发,孙升高关闭服装店,带原料向重庆转移。1941 年,孙升高与家人从重庆回到宁波,在百丈街正君庙开办源丰祥服装店。孙高升事业成就有限,但却是红帮裁缝四海为家性格的充分体现者之一。

在海外。红帮,在海外不少国家,都有西服店。特别是日本、东南亚各国,多红帮名店。

在日本。在日本的红帮裁缝声望最高的当推戴祖贻。戴祖贻,宁波镇海县霞浦镇戴家村(今属宁波市北仑区)人。1934 年 6 月,年仅 13 岁的戴祖贻到上海拜许达昌为师,很快掌握了西服缝制的必备技艺,成为许达昌十分器重的徒弟,随后许达昌便将南京国民党党政机关定制服装的业务都交给戴祖贻,视之为亲子,加以培养;戴祖贻不负师傅厚望,不久即独当一面。戴祖贻随许达昌前往香港后,许达昌又带他到日本开拓事业。

经过几年的打造,培罗蒙西服店在东京的影响与日俱增。再次去日本的红帮名师顾天云也曾去东京培罗蒙参与打理。1964 年,奥运会在东京举行,培罗蒙高级的面料、精湛的工艺、周到的服务吸引了一批又一批的团队游客,培罗蒙也借此扩大了知名度。1969 年,许达昌将所有在日本的培罗蒙资产转让给戴祖贻。戴祖贻没有辜负业师的期望,1990 年在东京帝国饭店开业,先后为美国总统福特和日本政要、商界领袖、文体明星等精制了数以万计精美绝伦的西装,戴祖贻的名字伴随"培罗蒙"品牌,飞向世界很多国家。他也热诚地为中国领导人制装。

在神户。在日本神户有 2 位有口皆碑的红帮裁缝,分别是卢德财和汪和生。卢德财是日本兵库县浙江同乡会会长,1911 年生于宁波大来街,16 岁到神户。

红帮发展史纲要

图 21　汪和生

汪和生(见图 21)是奉化人,20 世纪 30 年代赴日本闯荡,先拜国信洋装店的宁波人李哲夫为师,后自己独立开店。这位性格开朗、满怀爱国热情的红帮裁缝有个鲜明特点:娶妻要娶中国人,而且一切都以中华民族的标准要求自己和子女,儿子娶妻子也必须娶中国女子,否则一分钱不给。

1955 年,得知奥运会将在日本举行,汪和生立即抓住商机,在神户闹市区东亚路创办了幸昌洋装店。后又适时调整经营方向,向日本女装市场进发。几年工夫,他的洋装店便成为神户数一数二的服装名店,影响遍及全日本。

日本著名模特伊岛小姐参加在法国举行的世界名模大赛时,特地委托汪和生为之设计服装;日本代表出席世界妇女大会的服装也是委托汪和生制作的。汪和生博得了旅日华侨的钦佩,先后担任过日本关西华侨洋服公会会长、日本兵库县浙江同乡会名誉会长。只要有中国领导人到神户访问,卢德财、汪和生都热忱接待。

在神户的其他红帮商店还有很多。

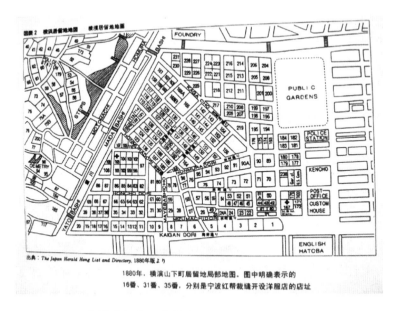

1880年，横滨山下町居留地局部地图。图中明确表示的
16番、31番、35番，分别是宁波红帮裁缝开设洋服店的店址

图22　1880年横滨部分区域地图

在横滨(见图22)。横滨是宁波裁缝最早学习西服技艺之地,与红帮裁缝结下了不解之缘。

除了张氏家族,较早去横滨的有镇海县本帮裁缝刘忠孝,同行的有鄞县茅山镇花园村的陈阿财、陈根财兄弟,他们在横滨改学西式服装,创办隆兴洋服店。日本三菱、三井等大财团职工以及日本皇族的人士都曾光顾隆兴,可见其产品之声誉。抗日战争期间,刘忠孝回国,抗战胜利后返回,重振旧业。日本首相大平正芳、田中角荣访华时,都曾请隆兴制作服装。陈阿财的子孙继承了祖业,将"隆兴"更名为"隆新",主营中国的改良旗袍。隆新三代人矢志不移,开拓红帮在横滨的事业,成为红帮裁缝拓业日本的一个驿站。顾天云、许达昌、张师月、张明德、楼信谊等去日本时,都曾在隆兴(隆新)"解鞍少驻初程",或中转,或收集信息,解决各种亟须解决的问题。隆兴为红帮事业的勃兴,做出了重要的贡献。

在横滨创业的还有张氏第三代张方广和第四代张肇扬等。张方广小儿子张肇扬,从日本东京一个洋服专门学校毕业,专攻男式西装,是该校唯一一位华人子弟。毕业后到父亲的公兴昌洋服店协助工作。1967年去台湾,在台中一家西服出口工厂工作,一年后回日本,在东京帝国饭店开设公兴昌分店,进一步开拓祖业。

(四)腾飞期

改革开放以后,中国进入一个新的历史时期,通常简称"新时期"。在新时期中,经过拨乱反正,中华民族开始了伟大复兴的新历程。

在复兴期中,红帮传人也启动了新的历史里程,开始腾飞。

红帮故乡宁波就是这个复兴历程的极为典型的缩影。

1978年中共十一届三中全会后,改革开放的春潮风起云涌,红帮故乡人民的思想观念和行为方式迅速发生变化。风生水起,以敢为人先为职业性格特征的红帮人及其传人适时地抓住历史机遇,创造了宁波服装业的新辉煌。国有企业、乡镇企业、民营企业并驾齐驱,各展雄姿,使得服装企业占有的市场份额迅速扩展,民营和"三资"(国资、民资、外资)服装企业尤为活跃,很快占有宁波市服装企业95%以上份额。

全国其他省市也呈现出同样的发展势头。

这一形势受到了党中央的关注。胡耀邦同志十分关心服装业发展的问题。1980年2月8日胡耀邦在听取深圳市委汇报时说:"特区干部要把衣服穿好些,要敢于穿西装。我1953年还穿过花衣服。"1983年11月在传达贯彻党的十二届二中全会精神时,他反复谈了服装的有关问题和服装创新问题:"现在我们的衣着还不行,一个花色,一个品种。""战国时期,有个赵武灵王,提倡穿短衣紧裤的骑服,这样好射箭,好打仗。服装也是要发展的嘛。""注意衣着是关系到社会主义精神文明建设的。"[50] 1985年9月,作为中共中央总书记,胡耀邦在内蒙古自治区视察,又一次谈了服装问题:"历代社会变革往往是同生活方式的变革联系在一起的,甚至往往首先表现在生活方式上。譬如,孙中山先生领导革命推翻清朝,就提倡穿中山装,不穿长袍马褂……比如穿衣,西装很方便,为什么不可以提倡穿。"[51] 这是1956年毛主席、周总理谈服装问题之后,中央领导同志又一次关于服装发展问题的重要谈话。

如同辛亥革命前后引进西服、创制中山装一样，在社会主义建设中，红帮传人又一次弘扬了红帮的服装革新精神，在红帮故乡率先发动了服装业创新浪潮。

20 世纪 70 年代末至 80 年代初，是新浪潮的风起云涌期。20 世纪 90年代以后是展翅腾飞期。在腾飞期中，涌现出杉杉、雅戈尔、罗蒙等一批全国著名的服装企业，于是宁波有了"四张名片"（宁波帮、宁波港、宁波景、宁波装）之说，服装成为复兴期中宁波的特征之一。

从服装企业的发展方面看。到 20 世纪末，宁波地区的服装企业已发展到近 2000 家，到 21 世纪前 10 年，已发展到近 3000 家。中国服装协会2004 年对全国服装行业的"利润总额"和"产品销售收入"进行调查统计，在这两项"双百强"企业排名中，宁波服装企业分别占有 10 席和 8 席，数量位居全国第一。进入"双十强"行列的，宁波有 3 家：雅戈尔集团股份有限公司、杉杉集团有限公司、罗蒙集团股份有限公司。这一年，全市年产服装能力为 1.3 亿余件，占全国服装总产量的 12%。

宁波洛兹集团有限公司、宁波太平鸟投资集团有限公司、宁波培罗成集团有限公司、奉化爱伊美服饰有限公司、宁波爱尔妮制衣有限公司、浙江巨鹰集团股份有限公司、宁波宜科科技实业股份有限公司，都是人们耳熟能详的服装企业名家。"十五"期间，宁波服装产业已经创造了 5 个全国"名列前茅"：服装生产规模、品牌建设、国际品牌经营；政府对服装企业重视和推动作用、服装企业对区域经济的拉动与劳动力就业的贡献。

1997 年 10 月，宁波首届国际服装节亮丽登场，服装展位达 450 多个，与会客商达 240 余家，外商达 108 家。其后，每年 10 月举行一次服装节，各有新内容、新形式、新旨趣。

第二届宁波国际服装节中已开始引进红帮题旨，开幕晚会由《红帮故事》领起，继以《缤纷世界》《梦幻未来》。由此每届服装节都大做红帮文章，《人民日报》、中央人民广播电台，中央电视台以及省、市各种传媒，都有以"红帮"为标题的大幅报道,鲜明地显示出红帮复兴的信息。2001 年 10 月的第五届宁波国际服装节晚会以"起航"命名,进一步显示了宁波服装、中国服装业展翅腾飞的时代风貌。到 2003 年第七届国际服装节,已有一个特别的内容:《红帮服装史》首发式,对这本阐述红帮发展历程的史学专著给予了肯定性的充分评价。从此,红帮研究进入了一个新阶段,《红帮服装史》成为各方面论述、报道宁波和中国现代服装发展史的主要依据之一,各种著述大量引用这本书的原创观点和原始材料。中国现代服装史的研究者由此找到了中国近现代化服装的源头,重新编写中国近现代服装史。

图 23　宁波服装博物馆新馆

随着第一届国际服装节的举行,1997 年宁波服装博物馆(见图 23)顺利筹建。这是我国第一家服装专题博物馆,经过不断充实、调整、提升,已于 21 世纪之初建成了以中国近现代服饰为主、以红帮裁缝史实为镇馆之宝的服装博物馆。依据世界博物馆公约,宁波服装博物馆除了收集、整理红帮史料(含实物)和布展、展出之外,也经常发布服装信息,发表服饰方面有史料价值的文章,还和宁波服装学院合作,开展服装科学研究方面的工作。

1999 年,宁波第一所服装高等学府——宁波服装职业技术学院在红帮故乡隆重奠基。从诞生的第一天起,这所服装学院就高举红帮旗帜,一直以"红帮传人"自诩、自励、自律;这个学院为宁波和中国服装事业的发展、创新,培养具有服装科学技术和文化素养的高级实用型人才,为研究、总结、承传、发扬红帮精神,开辟了一条永流不息的渠道。它成了服装事业发展的思想库、资料库、人才库。2001 年,学院又创建了全国第一家服装文化研究所,以红帮文化为首要课题潜心研究服装文化(见图24),为中国服装事业的发展、创新夯实基础。2004年,已出版"服装文化研究丛书"4种;继而,又将"宁波继明红帮研究所"引进学院,在服装科技、红帮工艺方面做出了多方面的贡献。2005年,为进一步弘扬红帮精神,把学院办成特色鲜明的高校,与原浙江轻纺学院联合,更名为浙江纺织服装职业技术学院,全面修订了创建真正具有红帮精神的特色学校规划,并于2009年成立了"红帮文化研究所",重新规划了深入拓展红帮研究的各项举措。在这所服装学院中,红帮精神,唯此为大。

图24 原宁波服装学院主办首次红帮学术研讨会

腾飞期中宁波服装业的这些"第一",与红帮有何关系?仅仅因为它们是在红帮故乡出现的吗?当然不是。

这些原创性的成果始终都是与红帮有着最直接、最密切、最实在的关系的。

且以宁波几家著名服装企业为例,它们无不是红帮精神的产物。是红帮精神哺育了它们,没有红帮人精神的、物质的、科技的、文化的等各方面的支持、鼓励、帮助,就没有它们的顺利诞生、迅速发展和卓越成就。

罗蒙:起步于奉化县江口镇一家镇办企业,1984年建厂。建厂第一件大事就是聘请红帮名师余元芳、陆成法、董龙清等来厂做高级顾问。陆成法倾心扶持罗蒙长达 10 年之久。厂里没有汽车,就开着拖拉机去接几位红帮老师傅来厂里。这种艰苦创业精神,深深地感动了以勤俭创业为本的红帮前辈,他们全心全意帮助罗蒙;罗蒙也全心全意向他们学习红帮精神、红帮风格、红帮技艺,彼此同心同德,创业很顺当。1985 年有了主导产品后,罗蒙又到上海请来由红帮老牌名店发展而来的春秋服装公司经理孙富昌。孙富昌是 1943 年到上海学做裁缝的。1981 年到 1984 年任春秋经理时,就曾应故乡宁波黑炭衬厂之请,帮助他们创办起中国第一家黑炭衬厂。1984 年,孙富昌调任上海培罗蒙经理时,十分关注故乡创办的服装厂,通过代销、联营等多种方式支持乡镇企业创业,并曾先后组织多名退休老师傅到宁波多家服装厂驻厂做技术指导工作。罗蒙热忱聘请他做顾问,他也热情应聘,不但为罗蒙经销产品,而且还把罗蒙产品介绍给另外几家服装商店。走进上海市场之后,罗蒙发展很快,几年后,其产品便被上海黄浦区服装公司评为优质产品。1998 年,罗蒙因势利导,把提升企业档次、争创驰名商标作为新战略。在老红帮师傅的鼎力支持下,这些目标几年后均提前实现了。

1986 年,罗蒙老厂长盛军海说得很恳切:“我们罗蒙过去依靠孙经理建厂,现在依靠孙经理发展,没有孙经理就没有罗蒙的今天!”罗蒙第二代创业者盛静生一直以红帮传人自勉、自律。他说得也很恳切、真诚:“对罗蒙来讲。只有两个字:专注。专注于认认真真做服装,专注于兢兢业业创品牌。”10 年后,他又说:“我以红帮传人而自豪,应责无旁贷地把祖宗传下来的裁缝这个老行当做好。”他把提升产品结构、档次和技术含量作为发展的关键,品牌形象就从这里来。

“雅戈尔”:今日的“雅戈尔”是以纺织、服装、房地产、国际贸易为主体的多元并进、专业化发展的综合性集团公司。2005 年完成销售收入 155 亿元,实现利润 11 亿元,拥有净资产 50 多亿元,员工近 2 万人,是中国服装行业的龙头企业。综合实力列入全国大企业集团 500 强。雅戈尔西服、衬衫、西裤、夹克、领带 5 个产品被评为“中国名牌产品”,公司的主导产品雅戈尔衬衫连续 10 年获市场综合占有率第一位,西服也连续多年保持市场综合占有率第一位。

雅戈尔集团原是鄞县石碶镇的一家镇办青春服装厂。说是工厂,其实只是一个蜗居于乡政府礼堂戏台地下室的小作坊。1979年12月以2万元知识青年安置费起家,工具由职工自带,主要业务是为别的厂家加工背心、短裤、袖套等简单服饰。1983年与上海开开衬衫公司实行产销联营,当年11月改名为"宁波青春服装厂",1986年青春厂推出自己的第一个产品——"北仑"牌衬衫,1991年年底更名为"宁波长江制衣厂"。与澳门南光公司组建中外合资雅戈尔制衣公司后,"雅戈尔"注册商标问世。1992年聘请红帮老师傅、上海人立服装店副经理王良然(奉化人)等2位师傅为技术顾问。从此以后,人立经常派技术人员来公司指导,并帮助安装生产流水线。在雅戈尔着手转型生产西装时,王良然鼎力给予技术上的支持。此后,该厂又聘请服装技师夏国定和柴建明担任雅戈尔西服厂技术工艺指导,他们为雅戈尔西服品牌的提升与业务发展做出了多方面的贡献。1994年1月,雅戈尔西服投产,成为主导产品。2001年,雅戈尔国际服装城竣工,成为国内规模最大、功能最全的综合性服装生产基地。直到这时,仍有红帮老师傅在雅戈尔做贡献。

杉杉也经历同样的发展之路。

杉杉的前身可追溯到宁波甬港服装总厂。这个服装厂是浙江纺织公司和鄞县工业局于1980年联合创办的。建厂方案中就明确指出:"鄞县素称红帮裁缝之乡……历史悠久,技术力量较有基础。""县内现有红帮裁缝退休老师傅50人左右,新厂一建立,即可聘为技术辅导人员。"建厂时,即聘上海退休红帮老师傅陈菊堂来厂工作(后任质量科长)。随后又聘红帮技师李峰为技术科长(后任副厂长)。由于有红帮人为技术力量,建厂后很快投产,并打入上海市场。上海春秋服装公司经理孙富昌也鼎力支持他们,订购了他们生产的中山装5500件;继而,又由孙富昌邀请南京路上的王兴昌、裕昌祥等20多家红帮名店到宁波参加订货会,再次给甬港以巨大支持。在此期间,"杉杉"成为注册商标。1992年"甬港服装厂"更名为"杉杉集团公司",迈上现代化服装企业之路。1994年成功完成股份制改造,更名为"杉杉集团有限公司",斥巨资导入 CIS(企业形象识别系统)。1996 年成功上市,成为我国服装企业第一家上市公司。1997 年提出"名牌、名企、名师"经营理念,推出中国服装业第一个设计品牌"法涵诗"高档女装。1998 年建成国际一流生产基地,与日、意、法、美等国多家著名服装公司合作,推出 10 多种品牌的男女时装、休闲装、童装,进入了一些欧美国家的主流市场,进而形成了服装、科技、投资 3 个板块的运作格局。1999 年初杉杉总部搬迁至上海,在红帮大本营中展开新的一页。

杉杉的发展得到红帮前辈的各种形式的支持、帮助。以红帮"科技功臣"陈康标为例,他是奉化县跸驻乡三石村人,从事服装业 50 多年,在行业内曾被誉为"百名业内风云人物"。退休回乡后,十分关心故乡服装现代化,走南闯北,为服装业创新建言献策。宁波的雅戈尔、杉杉、罗蒙,温州的夏蒙、华士,江苏的红豆、北京的顺美等,都曾多次得到他的技术指导。他经常到杉杉、雅戈尔、罗蒙等宁波著名服装企业走走看看,在新产品开发、提高产品质量方面,贡献尤多。在他的帮助下,杉杉和宜科,均首先在全国通过 ISO9001 质量体系认证,领到了"国际通行证"。所以,服装界称他为修行高深的"老法师"。但他和其他老红帮人一样,反哺故乡,不求名,不求利,不邀功,不请赏。高风亮节,令人敬佩。

培罗成也是红帮老人精心培育的一个成果。

培罗成集团起步于 1984 年,与上海纺织局合资创办培罗成西服厂。培罗成一开始迈步就把目标定为"承传红帮技艺,做新一代红帮人",为此他们诚邀上海红帮前辈、高级技师陆成法来厂指导,并委以技术厂长重任。经他推荐又请来陆梅堂和陆宝荣两位红帮师傅狠把技术关。

随着上海培罗蒙西服的盛销,红帮创业功臣、经理江辅丰亟须建立新的生产基地。培罗成闻风而动,为上海培罗蒙加工西服。随后,培罗成开始自创品牌,以"现代商务、坚持经典"的鲜明个性出现在同行面前,专为大型企事业单位加工职业装。首批承揽到的业务是中国电信和中国民航。培罗成根据行业特点精心设计、制作,结果大获成功,"培罗成"商标隆重推出。此后,企业更注重品牌建设。1994 年培罗成西服厂更名为"宁波培罗成制衣有限公司。"1995年培罗成集团有限公司宣告成立,成为中国职业装最大的生产基地,为公安部、安全局、水利部、出入境检验检疫局、海关总署、中国移动、中国联通、上海地铁总公司、中国三峡总公司、中国民航等30余家国家机关和大型集团提供服务。2003年,培罗成西服被评为中国名牌产品和国家免检产品。[52]

奉化服装商会的一位负责人曾经说过:奉化有700多家服装企业,至少有500家都在红帮老师傅的直接支持和帮助下创立起来的。奉化如此,其他县市亦如此。

上海是红帮的创业基地,红帮的大本营,从这里回来反哺故乡服装企业的几代红帮人,谁也说不清有多少人!有的一个人就帮助故乡的几家服装厂创业。以老牌红帮名家上海培罗蒙为例,改革开放以后,主动选送老师傅反哺故乡,奉化江口镇新桥下村的培罗西服厂、前江村的前江服装厂、盛家村的盛家西服厂、徒家西服厂等,都是在上海培罗蒙"传帮带"下创办起来的。前文说的孙富昌,谁也说不清他为宁波多少家服装厂的创办出了多少点子、出过多少技术,尤其是人力的支援。

四、红帮的历史贡献举要

红帮的贡献是多方面,他们在中国服饰上开创的"第一"就有几十个。但我们这里所说的,不是一般性乃至比较重要的贡献,而是他们的"历史性的贡献"。

何谓"历史性贡献"?

简单一些说,就是在中国历史上可以勒石记功、树立里程碑的重大贡献,至少是在关乎全民族历史面貌重大变革的专门史上树立了里程碑的贡献。

按照上述简要原则,红帮这一群体至少在以下3个方面做出了具有重要历史意义的贡献。

（一）颠覆旧服制，开创新服制

红帮是开创中国近现代服装的先头部队，是中国服装现代化早期最大最重要的创业群体，他们在中国服制改革史上树立了一尊最具革命意义的里程碑，它将永远屹立于中国服装史上。红帮成了中国服装史上影响最大、最深、最久的一个服装流派。

中国历史上，曾经发生过多次大大小小的服装改革，其中以秦始皇统一六国车旗舆服、赵武灵王采用胡服、魏孝文帝推广汉服和盛唐博纳兼容各民族服饰的4次改革最有声势，影响最大。但所有这些改革，基本上都是在传统范围内反传统，是在不根本触动服饰制度上的封建主义等差观念的原则下进行的某些改良，在当时，他们各有某种进步意义，但"人分五等，衣分五色"的制度始终没有变。而红帮在孙中山等革命先行者倡导下开创的近现代服装，则是在中国社会出现一次重大转型的历史条件下，即在民主主义革命推翻延续时间特别漫长的封建专制制度的历史条件下孕育和展开的。以往的4次大的服饰改革，无不是由帝王发动的，大都是强制推行的。清代统治者更为极端，把剃头与砍头联系在一起，凡是不按朝廷旨意改制者"杀无赦"。这并不是特例，整个封建君主专制时代基本原则无不如此。《墨子·兼爱》说："君说之，故臣为之也"，"君说之，故臣能之也"。这是具有普遍性的，君主所好，臣民必追逐之。在封建时代，服饰的流行时尚并不是源于美感和生活需求，不是自我形象、个性的展示，也不是群体认同的载体显现，而只是君王权势和臣民邀宠的利害驱动行为。《韩非子·外储说》曾描述，"齐桓公好服紫，一国尽服紫"，齐桓公后来说他讨厌紫色，"于是日郎中莫衣紫，其明日国中莫衣紫，三日境内莫衣紫"。这虽然是带有寓言色彩的滑稽喜剧，但却击中封建时代服制的要害。然而，红帮改革从开始阶段起，就开拓了一条完全不同的改革之路，它是下层民众中的裁缝与民主革命家共同策划、进行的。以后改革的全部历程无不如此，从裁缝师傅到革命领袖，是在完全平等的基础上一起谋划构思、一起推广、一起完善新服装的，不管是男装、女装、中山装、西装、旗袍，穿着都是不分阶级、没有等级限制的,从大总统到平头百姓,都可以按自己的条件、意愿自由选择。中山装在民国时期曾作为政府工作人员制服,但各级别的官员着装完全一样,这就与封建制度下的阶级等差制完全不同,其革命性是显而易见的,因而得到广大民众的拥护和支持,很快推广开来。自由、平等、民主精神从这里得到了体现和高扬。正因为如此,这项改革才随着革命的深入而越来越广泛和深刻,形成可持续发展的趋势。

红帮之所以能参与完成服制革命的历史任务,还在于他们在革命先行者们的指引下,敢于纵横驰骋,博古通今,洋为中用,古为今用。

历史上任何一次真正的改革,无不包含纵横两方面的借鉴因素,而不是单向的线型的。这是一个普遍规律,十分重要。秦始皇统一六国以后,"兼收六国车旗服舆",力求统一:赵武灵王为强兵强国,毅然采取胡服;魏孝文帝为改变本民族的落后状态,断然采取措施,推行服饰汉化;盛唐的帝王纵观四面八方各民族服饰,择优采取,为我所用,形成异彩纷呈、百花齐放的大唐气象。杂取众长已成为服装改革取胜的必经之路;闭目塞听,抱残守旧,是绝无成功可能的。这一规律,在红帮的改革中得到了空前有力的论证。

中国服装现代化的春风,是从西方吹来的。其方法大体上有两种:一是照搬,购置西方进口的服装,或向西方裁缝定做西装。这是开始阶段在外国的留学生、外交人士和商人,以及国内的极少数富有者采取的方法。二是借鉴,由中国裁缝参照西服的款式、剪裁方法和缝制技艺,按照中国人的体形、性格、气质、生活环境,不断加以改进,使之中国化。并且"脱胎换骨",化出了中国民族服装中山装。这是红帮裁缝群体采取的方法。西装,在西方也是革命的产物。在中国革命关键时期中引进它,正体现了红帮敢为人先,敢于汲取全人类的文明成果,为我所用的革新精神。

清代后期,朝廷曾几次下令禁穿西服,然而,历史的潮流不可阻挡,西服不但屡禁不止,而且日渐风行。其后,革命领袖们也穿着西服,并从理论上、舆论上为西服的流行扫除障碍。陈毅元帅任上海市市长时曾说:无产阶级革命导师都穿西装,政府并没有规定无产阶级不能穿西装。真是言简意赅,一语中的,其倡导意义是显然的。

中山装,是化洋为中的显例。它是受明治维新后的服装改革启发,按中国革命的需求而创制的,是红帮的创新成果,纵横化一,古今交融,达到了极高的境界。所以陈毅说:中山装是中国人的骄傲。

中山装创制、完善和普及,是中国服装史上最大的变革成果之一。

中山装在创制过程中,也充分吸取了中国服装工艺和服装文化的多种元素和内涵。试制初期的中山装,除工艺外,领子就与西服不同,是中国式的直翻领,胸前有 7 颗纽扣,前襟有 4 个贴袋,袖口配 4 颗纽扣,都是饱含中国文化的特有内涵的。

辛亥革命后,孙中山又让上海的红帮名店荣昌祥对中山装做了修改:领子维持原直翻领样式,将 4 个贴袋的上两个袋盖做成倒笔架形,称为"笔架盖",象征知识分子在中国民主革命中所起的作用;把原门襟上的 7 颗纽扣改为 5 颗,象征五权宪法(亦说象征五族共和);袖口的 4 颗纽扣改为 3 颗,象征三民主义。与第一款中山装相比,修改后的中山装设计更新颖,样式更庄重,寓意更深刻,受到广大群众的欢迎,后来各地裁缝均以这种样式为"母本"缝制中山装并逐渐普及(见图 25、图 26)。

图 25　荣昌祥广告

图 26　王顺泰广告

关于中山装的创制,另有几种不同说法。例如,包昌法在《裁剪缝纫200问》(辽宁科技出版社 1984 年版)中说:孙中山从日本带回铁路工人装,到上海后交由亨利西服店试制并修改而成中山装。华梅在《中国服饰》(五洲传播出版社 2004 年版)中说:民国初年,留日学生从日本带回学生装,"衍生出了典型的现代中式男装——中山装"。又说:"孙中山倡导并率先穿用……自1923 年诞生以来,中山装成为中国男子通行的经典正装。"马庚存在《平民总统孙中山》一文中说:孙中山不喜欢长袍马褂,也不爱西服洋装,"后来他找曾经当过裁缝的同盟会会员黄隆生替他裁制了一种由先生自己设计的新式上装……这就是我们今天常见的中山装。"(详见 1981 年 11 月 11 日《中国青年报》,浙江教育出版社曾将其收入初中语文课本,有删改)。解放军文艺出版社 2001 年出版的《孙中山》(尚明轩主编)则说:"在孙中山进行服装改革中,给他帮助最大的是一个叫黄隆生的商人。"此人是广东台山人,原在河内开隆生洋服店,1902 年 12 月偶识孙中山,遂"为革命出钱出力,1923 年,黄隆生随孙中山在大元帅府任事……第一套中山装就是在他的协助下顺利缝制而成的。"后来,由上述说法衍生出另一些说法。

以上说法,可供参校,继续考察。到 2010 年年底为止,从红帮研究者 10 多年来收集到的大量原始资料(实物和文字)与红帮前辈、子女及有关 人士回忆来看,仍以红帮裁缝于 19 世纪末 20 世纪初试制、改进中山装之 说比较可靠可信。除本书有关部分外,可参阅《宁波服装史话》(宁波出版 社 1997 年版)、《红帮服装史》(宁波出版社 2003 年版)和《宁波帮与中国 近现代服装史》(中国文史出版社 2005 年版)。

这种服装成为向传统的旧式服制的挑战,是中国服装走向现代化的 第一个重大成果。经过大力普及,不但成为我国现代男装最具魅力、最有 代表性的一种服装,而且在国际服装中独树一帜,西方人亦以其为样板, 设计男装新款,甚至在新款女装设计中,也有以中山装为母本造型的。[53]

改良旗袍则是红帮古为今用、推陈出新的一个典范之作。发展到 20 世纪后期,它已走向世界,进入中西合璧的世界女装艺术宫殿,成为魅力 无穷的女装宝典。上海、北京、天津、武汉等地的红帮人都参与了这个女 装精品的创制。它是红帮和其他裁缝、广大女子集体智慧和科学精神的 结晶。

旗袍,本是满族旗人女子穿的一种长袍,为了遮蔽北国的狂风、飞沙、 暴雪,这种袍子又长又宽,是直筒式的"大衫"。它无法显示女性的性感特 征,缺乏女性服装的形象美。从清末起,旗袍悄然变化,辛亥革命以后,更 出现了一个持续创新的历程。在具有先进服装文化素养的上海、天津、哈 尔滨、汉口等地的红帮裁缝和其他有现代意识的裁缝,以及许多民间心灵 手巧的中青年女性的共同参与下,推陈出新,继承了春秋战国以来的"深 衣"、唐代的"水田衣"以及朝鲜女子的长裙、蒙古女子的长袍等民族服装 的传统特色,大胆吸取西方女装的先进观念、现代人文精神和设计、造型 艺术,不断改进旗袍的款式、造型和剪裁、制作方法,把中西女装的长处有 机地融入旗袍之中,花样不断翻新,呈现出"苟日新、日日新、又日新"(《礼 记·大学》)的态势。风情优雅,风韵独特,风声日高,风靡南北。大体而 言,从辛亥革命后民国政府将改良后的旗袍定为中国女性礼服以后,几乎每隔 10 年左右,就有一次大的改革。旗袍的改革、创新最引人瞩目的是领子和袖子的改革,完全称得上是时尚审美的标志物。"领子是研究服饰款式的关键","由于衣服领子的位置处于衣服最上端,是人们视线比较集中的部位,因而它对服装外形的美观影响较大,可以说是服饰美的焦点"。[54]旗袍在改革中,十分重视领子的改革,由卡住整个颈项之高领逐步改变,直到取消领子时还未休止;又把领子开低,使女子"美若蜻蜓"的颈部和颈项完全显露出来;进而,再在肩部用吊带,袒露胸背,使人想到唐代诗人方干《赠美人》中的"粉胸半掩疑晴雪"和欧阳询《南乡子》词中的"胸前如雪脸如花",充分展示出东方女性的人体美。人们既可以说这种新式旗袍借鉴了西方服装文化袒裸传统的结果,也可以说这是大唐气象、盛世衣着文化基因的承传和创新。实际上,这是中西服装优良传统文化在新的历史条件下的磨合结晶,脱胎合璧。

改革开放后,红帮传人再次显示出与时俱进的精神风范。在红帮故乡,新时代的红帮传人已经把发展女装作为建设服装名城的重要举措,旗袍的改革也将有新的法门,进入新的境界。在北京奥运会、上海世博会中均已大放异彩。

(二)开创我国近现代服装科学研究之先河

这一创举,使中国服装事业从此获得了科技、文化的软实力支撑,奠定了我国服装现代化发展、创新的坚实、牢靠的基础,并且代代相会,持续发展,形成这个群体的独具的优良传统。这就为我国服装业的可持续发展提供了科学保证。

张其昀和顾天云等前贤,都已经确认:无论兵战或商战,均需要高深之学问。[55]

没有科学的理论作基础和科学的思想作指导,是不能形成独特的艺术风格和富有生命力的艺术流派的。驴拉磨式的实干,只能产生一些狭隘的片段的具体经验,而不能将经验提炼、升格为带有普遍意义的规律和理论。红帮经过几十年的实践,终于出现了一些服装科学文化研究人才,他们在理论和实践的结合中,写出了第一部红帮服装专著,这标志着红帮已进入成熟阶段,进入了新境界。一花引来百花开,红帮已不再只是一个只会做衣服的裁缝群体。

这一突破是具有里程碑意义的。这些研究人才热衷于服装科技和服装文化研究,相互支持,相互鼓励,长期坚持不懈,人才辈出,硕果累累。拥有自己专业著述的人数和作品之多,不但在宁波帮内是独领风骚的,也是其他服装社群无可比肩的。20世纪初,红帮服装研究的一代宗师顾天云就开始他的服装考察与研究,30年代写出《西服裁剪指南》之后,红帮中相继涌现出许多服装专著,据零星统计,20世纪三四十年代,林正苞写出5种,胡沛天在50年代至70年代完成5种,王圭璋在50年代完成8种,王庆和在五六十年代完成13种,戴永甫完成24种,江继明有4种,包昌法有近40种,石成玉、王庭淼、唐中华、邬金宝、杨鹏云、陈明栋、谢兆甫等拥有1~3种专著的就更多了(尚无系统统计);有不少著作曾被多家出版社多次再版,发行量从几十万册到100多万册的都有;有的研究成果已进入国际服装科技的领先行列;在报刊等大众传媒中发表单篇或系列性文章的更不计其数,其中很多著述都曾获得国家级、省(市)级和行业系统的多种奖项;特级服装技师陆成法曾在上海《新民晚报》上发表《怎样穿西装》系列通俗文章,也非常受读者欢迎;还有很多人获得国家发明专利。在科

图 27　培罗蒙"裁神"蒋家垫(香港人士提供,原载报刊不详)

研过程中,100多年来,先后涌现出许多身怀绝技的红帮名师,诸如"东北第一刀""西装博士""裁缝状元""跨国裁缝""正反面阿根""京津女装高手""模范商人""三把半剪刀""南京三庆""星期天顾问""中山装专家""西服一鼎"(西服业)老法师""技术厂长""裁神"(见图27),等等。在中国

服装现代化历程中,他们的许多创新成果,在服装行业中树立了一尊又一尊的里程碑;在他们从业的海内外大中城市中,其中许多人都坐上了行业的第一把交椅,成为创业元勋、领军人物,不少人先后进入所在省、市、区的服装研究所(室),成为专职研究人员,陆成法、楼景康、陈星发、石成玉、苗瑞增、陈宗瑜、周惠品、陈祥华、骆连庆、陈宝华、毛新苗、陈康标、俞阿定、徐财清、林瑞祥、李尧章等,均已经进入衣道、衣政、衣旨、衣德、衣律、衣训、衣制、衣术、衣品、衣趣等各个领域。他们当中的很多人,先后都曾担任过研究所所长或服装专业研究机构的领导工作,也有不少人被有关大专院校聘为专职或兼职教师;在服装技艺方面,他们总结、提炼出多种富有独特工艺价值又具有普遍意义的"要诀""法门",有些已进入中国非物质遗产行列。

当然,在考查红帮的服装研究工作时,我们也注意到,在宁波帮的其他行业群体中,也有专业研究人才、研究成果和著作,如香港安子介先生的《国际贸易实务》、项松茂先生的《医药卫生指南》等。但从总体上看,在这个方面是难以和红帮比列的。

由于参与的人数多、时间久、成果多,红帮的服装研究已经形成自己的特色。主要特色如下。

1."合纵连横",技融今古

这是红帮的科研思路,也是红帮的实践思路。

道,就是规律、理论;法,就是效法。红帮人心胸开阔,敢于、善于效法西方的和东方的一切有益的服装理念、经验(东方,含中国和明治维新后的日本)和法则;他们对今古制衣的技术、技巧、工艺,能够通彻首尾,融会贯通。

在中国服装通史上,服装改革无不借助两大推动力:纵向的历史经验的承传、创新;横向的博纳各民族、外国先进的东西,为我所用。只有自己历代成果的承传,往往只能完成局部的有限的改良,即"在传统的范围内反传统",历代的所谓"改正朔,易服制"大致如此。只有采取开放的态度,大力借鉴各民族、外国的先进思想和优秀成果,服装改革才可能成功。赵武灵王、魏孝文帝、盛唐的博纳兼容,兼收并蓄,都证明必须将纵横两种推动力整合成一种时代合力,改革才有可能发生、发展和完成。服饰改革必须走"合纵连横"之路。红帮的百年实践、百年研究尤为有力地证明了这一规律。其实各领域的一切根本性的变革,都必须借助乃至强化外部的推动力,使变革者受到启迪、鼓舞;同时涤荡习惯势力和传统观念的束缚、阻挠。

红帮的服装改革是一场服装革命。在这场服装大变革中,红帮人充分表现了"合纵连横"的胆识和行动力。他们心驰于今古中外,留意于六艺精华,渐次深化,达到中西合璧、创新国服之目的。

也就是说,这场服装革命首先是服装制度的大变革,而不只是局部工艺方面的修修补补,形变而质不变。它是服装观念、方法、风格的整体改革,但并不是全盘西化。红帮人学习、借鉴西方的科学、民主思想和人文精神,加以选择、引进,又根据中国人民的生存环境、审美传统和特性以及个人的气质、爱好而加以本土化、个性化改造,并且把西方的新缝纫法和中国的传统的线韵、针法恰到好处地结合起来,所以一套精心缝制的西装、革新旗袍必是令人赏心悦目的现代工艺品。中山装既"西化",又"东化"(从日本明治维新后的革新服装中化出),更"中化",没有中国化,就没有中山装。中西合璧,才产生了精品,但它的"版权"属于红帮裁缝。

红帮的科研,也是"合纵连横"的显例。

从纵向看,它是在中国革命影响下孕育、产生和发展的。时代为红帮提供了创造的历史机缘;他们适时地抓住了这一历史机缘,在革命党人的倡导和支持下,在毛泽东等几代革命领袖指导、关怀下,产生、发展、辉煌起来。

从横向看,除了"西风东渐"的历史大潮的冲击之外;还有日本明治维新经验的推动。明治维新之后,日本倾力向西方学习先进的科学思想、科学方法,快速完成社会近现代化。这大大震撼了中国的革命者和明智的人们,他们一方面反思甲午战争的惨痛历史教训,同时正视日本社会变革的经验,各界人士纷纷赴日考察、学习,其中就有被称为红帮鼻祖的鄞县张氏子孙、红帮创业元老江良通、王睿谟及其子孙等;还有一些红帮前辈则陆续前往俄国的符拉迪沃斯托克(海参崴)等地学习、考察。这些前辈开拓者回国后,都为红帮的创业研究工作打下了坚实的基础。红帮拓展了"合纵连横"、技融今古的服装研究新路。

2.务实致用,多层互动

这是红帮科研的风格。

现代科学研究的社会性增强,研究课题常由社会需求而出。研究成果很快回到社会中去,给社会以积极影响。红帮人的服装科技与文化研究在这一点上尤为突出。他们始终脚踏实地,一切均从中国服装变革的实际出发,适时从服装业的实践中发现课题,而不是钻故纸堆找"冷门",或搬弄"洋名词",做"拼盘式"的"著作",写出大量无用的废话来。他们关注国计民生,忧国家民众之忧,以"衣被苍生"、求变创新、利国利民为己任。在服装业中,他们将清代浙东学派的"经世致用""博纳兼容"的学术原则、学术宗旨、学术风格,充实光大,铸成自己的鲜明特色。

不管是王庆和的《服装裁剪基本方法》,还是戴永甫的《怎样学习裁剪》,江继明的《怎样划线,款式变化》,包昌法的《服装省料法》等,都是在新中国成立后,国家百业待兴、各行各业厉行增产节约运动中编撰出来的,因而为广大群众热忱欢迎。包昌法的《服装省料法》发行了100多万册,江继明的《怎样划线,款式变化》再版了16次,印数达150万册。这些数字充分表明,这些通俗读物,在科普中发挥了广泛而巨大的作用,因而曾获得多项科研奖项。或许在"大师""专家"们心目中,这些都是"小儿科"。但是,谁能否认这种"小儿科"也是服装研究的一种成果,是红帮人科研精神的独特体现呢?他们的成果有很多都已经得到或将要得到推广,转化为现实社会生产力。这不是很值得敬佩和学习吗?"看似寻常最奇崛,成如容易却艰辛"!

当然,红帮研究专家们绝不只是科普作家,科普只是他们研究工作的一部分。他们的研究是多角度多层次的,他们是在普及的基础上提高,在提高的指导下普及的。他们中的很多人都获得过国家发明专利证书;也有一些研究成果进入了"高、精、尖"的行列。顾天云以其著作和育人成果,被誉为服装科教界的宗师;戴永甫则以服装结构函数的研究成果进入国际服装科技研究之前列;包昌法不但几次应邀参与国家级大型图书的编撰,而且撰著了《服装学概论》等基础研究著作,在专业教材中已经具备权威性,现在仍在撰写的服装设计系列论文,也将进入服装研究的新成就之列。至于"D式裁剪",工艺上的"四功""九势""十六字诀"等诀窍,都在服装界广为传诵,享有盛誉。凡此种种,是一代又一代红帮人殚精竭虑,匠心独运,潜心求索,自创为法的结晶。

诚如杜甫的诗句所诵:"更觉良工心独苦。"从司马迁到黄宗羲,再到王国维、鲁迅都曾经撰写过服装方面的文章,"二十四史"的各位作者都曾在传世著作中撰写了《舆服志》或《服饰志》。我们没有理由小视服装研究之作,没有理由在近现代史、文化史中删去服装史。

或问:红帮的服装科研已经功德圆满了吗?

答曰:没有。他们是开先河者,但其后的路还很长很长。

又问:具体一些说说。

答曰:迄今我们尚未出现皮尔·卡丹式的世界级服装大师,我们尚未推出世界公认的服装名牌……意大利一件手工衬衫手缝针数是8000针,我们有这样的数据吗? 没有这样的指标,能产生世界公认的精品、经典之作吗? 缺乏文化内涵,缺乏高新科技研发创新能力,怎么能大鹏展翅九万里呢? 怎么能建成"东方米兰"、服装强市呢?

再问:怎么办呢?

答曰:弘扬红帮精神,在科学发展观的指导下,攻关登峰!

3.科教联袂,金针广度

这是红帮人科研的原则,也是红帮的兴业原则。

"教育救国"论早有先贤提出来了,提倡职业教育,也早有宁波帮先贤提出并有践履实绩了。但是,在服装行业中,自觉地把产业、科研和教学紧密结合起来,使之一体化,却是具有开创性的。自筹经费,自办职业技校(见图28、图29),自拟办学章程,自创新的教学计划、教学方法,自编专业教材,自任专业教师。改变传统师徒传承的育人方式,为红帮事业培养大批继承者,而且已见显著成效,不但数量相当大的接班人先后在全国各

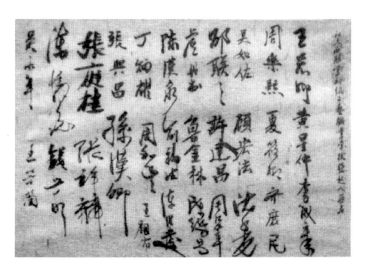

图 28　上海市私立西服业工艺职业学校发起人签名（档案材料）

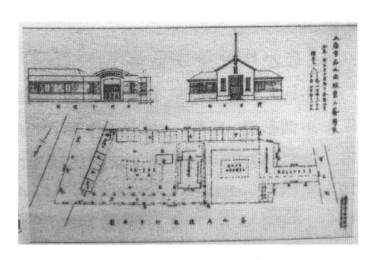

图 29　上海市私立西服业工艺职业学校设计图（档案材料）

地培养出来了，而且培养出多种多样的高级科技人才、管理人才和创新人才。

这就是从根本上把红帮和本帮(宁波传统裁缝业帮口)区分开来，也和同时代的广帮、苏帮、京帮这些新裁缝帮口鲜明区别开来。自这一群体形成之后，他们让教学科研联袂而舞，将自己的服装科技、服装文化研究成果编为教材，把红帮各店的学徒工、青年职工和有培养前途的优秀职工，以及部分社会青少年，送到自己创办的夜校、培训班、传习所、裁剪学院、职业专门学校，以及其他各种专业进修、学习渠道中去，成批地培养自己事业的接班人。这和以往的手工业作坊中奉行的职场金箴"鸳鸯绣出从教看，莫把金针度与人"完全不可同日而语了，他们已经自觉地抛弃了这一封闭的陈规陋俗，金针广度，"不贵其独巧，贵其与众共巧也"。他们已经相当鲜明地体现出现代企业家、事业家的大家气度，显示出志在高远的精神风范。每临大计，人才为本，从这里可以看出他们的历史使命感。

前文已谈到，顾天云是中国服装研究的开创者，也是中国服装职业教育的元勋之一。他的《西服裁剪指南》一书，是一部旨意深邃的研究专著，特别是它的长篇绪论，完全属意于中国的服装改革，这本书不但在中国近现代服装史上是一部拓荒之作，在中国服装现代化中具有导向意义，而且，它也是中国服装职业教育的第一部教科书。他在绪论中把中国服装放在世界服装业的大视野中加以观照，指陈弊端，呼吁改革；探索成功之路，改革之路；寄语青年，鼓励其发愤创新，立志成才。尤为可贵的是，顾天云这样构想，也这样以身作则，付诸实践了。从写作这部书起，他便以之为教材，在他们同业公会开办的夜校、培训班、裁剪学院、工艺技校授课；他曾任裁剪学院教务长、西服技校筹委会主任、校长。在教学过程中，他总是依据他的专著绪论谆谆教导学生立志成才，期待中国之服装业精益求精，将来"能轶出欧美之上"，"争得国际市场"。后来，他的很多学生，都成为红帮的高级人才。顾先生给人们的印象是：他仿佛是以服装研究、教学为主要事业，而把他的服装作坊作为副业、作为教学实习基地了。

其后,红帮很多人都成为科教联袂的身体力行者,在服装科研与教学中各有建树。以"D式裁剪法"而享誉服装界的戴永甫,也是服装界的一位桃李满天下的名师。他从做裁缝之后,就开始钻研服装科技。20世纪50年代初,他研制出"衣料计算盘",同时,又编写出版了《怎样学习裁剪》一书,其后,他开始主攻"D式裁剪法",1974年写成《D式裁剪法》一书。继而,他锲而不舍,不断向纵深发展,终于"提供了国际上从未有过的服装结构的准确函数关系",使这一裁剪方法成为当代"唯一有理论依据的科学裁剪方法"。1982年《服装裁剪新法——D式裁剪》一书问世。8个月内即重印了4次,印数达30万册,1987年获全国优秀畅销书奖,1991年获"全国最佳服装图书奖",发行量已达100余万册。这本书除了被全国很多服装院校作为教材之外,还通过讲座、报告会、中央电视台、教育台的电视讲座等多种方式,进行广泛传播;还应许多省、市、自治区服装界的要求,办过数十次讲习班。得益于他的科研成果的人达10万人以上。

戴先生的友人陈明栋又以《永甫裁剪法》以及《服装最新裁剪缝纫技术》等书为教材,在兰州等地举办过多种服装学习班,为大西北各地各部队培育了很多新型服装人才。

在服装科教联袂中做出多方面贡献的包昌法,也是极具代表性的人物。他在服装科研与培育新人上五十年如一日,硕果累累。包昌法的服装研究也是科研与教学联袂互动的。他的不少著作就是为服装教育而撰写的,有些已经成为许多服装院校的教材;在关于服装设计的系列论文中,他强调指出:服装设计应成为"一门基础课程"。他也像顾天云、戴永甫等人一样,身体力行,为培养现代化的服装业新型接班人,不遗余力。1984年初,他参与了上海职工纺织大学服装专业的筹建,其后,又在两所高校的服装系执教,还曾被聘为上海纺织专科学校论文答辩委员,被评为上海市"科技系统优秀教师"(评见"红帮名人名店传略")。

像这样科教互动的红帮人,东西南北中各地皆有,先进事迹不胜枚举。天津的女装名师王庆和,曾编撰过《男女单服单号裁剪排料》《服装裁剪基本方法》《量体裁衣教材》等图书,其中《服装裁剪基本方法》一书,是实践经验和理论探索的融通之作,曾一再修订再版,发行数十万册。王庆和以这些著作为教材,在天津工人文化宫、和平区图书馆、一些学校的服装培训班,积极培养新型服装人才,为天津市服装业的发展做出了不菲的贡献。

五、红帮精神述略

什么是红帮精神?

红帮精神是红帮人在百年创业中积淀起来、在长期实践中凝结而成的特有品格、修养、精神气质,既不同于宁波帮精神,也不同于徽商精神、晋商精神。迄今人们常说的"敢为人先""勤俭敬业""诚信重诺""团结互助""爱国爱乡"等,既不能称"宁波帮精神",也算不得"徽商精神"。这些经营理念、行业伦理、行业道德、帮口风范,是中国传统工商业者无不倡行的社会公德、社群美德,全国各地各行各业各个重要社群帮口,大致都具有这些操行、品格。

作为一个具有历史贡献的职业群体,他们在革命家的指导下,在"西风"的影响下,在经验总结和理论探索中逐步创造、积累成新的群体思想、伦理、道德规范;行业中人,各自心领神会,相率成风,律动既久,便形成了群体的心灵特征、精神特征和行为特征,简言之即为"精神"。所以,在宁波帮那么多的行业帮口中,独有红帮是单独命名的,这绝非偶然。

中国现代服装业的实践已经证明,并将进一步证明,凡是了解并珍惜红帮精神,真诚承传红帮精神,实践红帮精神的企业从业人员,必然会取得事业的成功。宁波市3000家服装企业的发展史便是典型。

兹将红帮精神要点试述如下。

(一)中西贯通,改制立新

自唐宋以来,特别是明清时期,宁波工商业者都是夸得海口的:"跑过三关六码头,吃过奉化芋艿头","闯过东洋,走过西洋,下过南洋","眼观六路,耳听八方","什么阵势没有见过"。确实如此,他们见多识广,通脱灵活,善于捕捉先机,善于开辟新路,开创新局。

作为一个名垂青史的创业群体,宁波裁缝在其独特的创业征程中,革新了传统服制,也完成了一次思想观念的整体转换,两者互动,主要表现为在孕育、发轫、发展、走向腾飞的长期实践、探索中:他们由不自觉、半自觉到自觉;由少数人自觉,到多数人自觉,把自我、家乡、行业和国家民族的命运联系在一起,把生存、发展、理想紧密联系在一起。有革命,才有他们的生存可能,有革命胜利,才有他们事业的发展、繁荣;有国家的强盛,才有他们事业的腾飞:可谓一荣俱荣,一损俱损。他们身不由己地卷入了中国社会的大转型,他们由衷地支持、参与革故鼎新的种种斗争,他们在斗争中成长。

1888年,康有为等维新变法派上书清廷,请求"易装",光绪皇帝"圣鉴":"国家制服,等秩分明,习用已久,从未轻易更张……不得轻听浮言,致滋误会。"⁽⁵⁶⁾而这时,维新后的日本明治政府已颁发了易服制、易发型、易佩刀的政令。驻华公使森有礼于光绪元年十二月二十八日(1876年1月24日)前往保定直隶总督府官邸,拜访直隶总督兼北洋大臣李鸿章。这个号称洋务派的大臣与森有礼谈起日本的明治维新,有一段关于"中学"与"西学"的辩论,实在极有意趣,故不避累赘,抄录如下:

> 李鸿章问森有礼对"中学""西学"的看法。
>
> 森:西学十分有用,中学只三分可取,其七分仍系旧样,已无用了。
>
> 李:日本西学有七分否?
>
> 森:尚没有五分。
>
> 李:日本衣冠都变了,怎说没有五分?
>
> 日本使馆书记官郑永林说:这是外貌,其实质尚未尽学会。
>
> 李:对贵国近来所举,很为赞赏。独对贵国改变旧有服装,模仿欧风一事感到不解。

森：其原因很简单，只需稍加解释。我国旧有服制，正如阁下所见，宽阔爽快，极适于无事安逸之人，但对于多数勤劳之人则不完全合适。所以它能适应过去的情况，而于今日时事之下，甚感不便。今改旧制为新式，对我国裨益不少。

李：衣服旧制体现对祖先遗志的追怀之一，子孙应该尊重，万世保存才是。

森：如果我国的祖先至今尚在的话，无疑会做和我们同样的事情。距今一千年前，我们的祖先看到了贵国的服装优势就加以采用。不论何事，善于学习别国的长处，是我国的好传统。

李：贵国祖先采用我国服装是最贤明的。我国服装织造方便，用贵国原料即能制作。现今模仿欧服，要付出莫大的冗费。

森：虽然如此，依我观之，要比贵国的衣服精美而便利……关于欧服，从不了解经济常识的人看来，虽费一点，但勤劳是富裕之基，怠慢是贫枯之源。正如阁下所知，我国旧服宽大但不方便，适应怠慢而不适应勤劳。然而我国不愿意怠慢致贫，而想要勤劳致富，所以舍旧就新。现在所费，将来可期得到无限报偿。

李：话虽如此，阁下对贵国舍旧服仿欧俗，抛弃独立精神而受欧洲支配，难道一点不感到羞耻吗？

森：毫无可羞之处，我们还可以以这些变革感到骄傲。这些变革绝不是外力强迫的，完全是我们自己决定的。正如我国自古以来，对亚洲各国、美国和其他任何国家，只要发现其长处，就要取之用于我国。

李：我国决不会进行这样的变革，只是军器、铁路、电信及其他器械，是必要之物和西方最长之处，才不得不采用外国。

森：凡是将来之事，谁也不能确定其好坏，正如贵国四百年前（季按：指清军入关前），也没有人喜欢现在的这种服制（季按：指满族服装制度。森有礼在讽刺李鸿章）。

李：这是我国国内的变革，绝不是用欧服。

森：然而变革总是变革，特别是当时贵国强迫做这种变革，引起贵国人民的忌嫌（季按：指清廷强迫全国各族人民改着满族服装）。(57)

别的姑且不谈，且说这个洋务派大臣和他的皇上对服制改革的观点、声口，何其相似乃尔！怎么能期待这样的皇上、大臣支持维新变法、搞洋务运动呢？程万军在《逆淘汰：中国历史上的毁人游戏》（广西师范大学出版社 2010 年版）中，对李鸿章和伊藤博文进行了论析：李鸿章是清朝洋务运动的主要人物，伊藤博文是日本明治维新的主要人物。李氏的洋务运动开始于 1861 年，8 年后，日本的明治维新正式开始。几年后，日本发动了侵略中国的甲午战争，结果，日本逼着清廷签订了丧权辱国的《马关条约》。何以有此惨痛结果呢？后来，梁启超曾有过评说：李鸿章是在沙上建塔，对一个破屋只知修葺却不知改造。在世界形势摧枯拉朽之时，作为"大国总理"却在一个破屋子里，专注当一个裱糊匠。还有人把李鸿章和伊藤博文比作"圈中老狼与草原头狼"。丘吉尔说过："你不面对现实，现实却面对你！"在惨烈的现实面前，孙中山醒悟了，而康有为却执迷不悟，结果付出了惨重代价。这也不去说它吧，且说去日本考察、学习服装改革的宁波裁缝们，面对这样的皇上、大臣，加上那位杀心极大的"老佛爷"，他们将付出怎样的代价呢？面对这么一个关乎脑袋存亡的问题，他们何去何从？这是一个历史的大考验。

当然，清王朝只是历史的一个方面，历史还有另一方面：革命派觉悟了，登上了历史舞台，要革清王朝的命。在他们的纲领中，包括服制改革问题：封建君主制打倒了，我们穿什么服装呢？1895 年，孙中山提出了总原则："尽易旧装。"

"天崩地解"（黄宗羲语），"西风东渐"，历史大潮席卷而来，宁波裁缝看到了清末服饰的多元化、日本明治维新的实例，看到了、感受到了这一切的新意，他们选择了"欧服"，并且和革命党人见面了，商谈了。

"得时者昌,失时者亡","事因于世,而备适于时","世易时宜,变法宜矣",他们为己、为家、为国,做出了选择:"西风"可追! 服装改革,维新为大。长袍、满服本来就是清朝统治者强加给广大民众的,落后于时代;西服是适合时代需求的,实用的,美观的,飒爽的,理当学做西服。在学做西服的过程中,他们没有生搬硬套,而是借鉴西服之优长和先进的裁剪技法,为我所用,从东方人的实际出发,把中国人的"量体裁衣"的优良文化传统和中国缝纫功夫的长处运用到西服缝纫中来,从而创造出中国的西服流派——海派西服,在西服领域中独领风骚。同时,在借鉴日本新制服的基础上,大胆创新,创制、推广中山装,进而改革旗袍。也许他们中的多数人当初并没有意识到,他们干的工作大义何在,但他们执着地干了,而且放恣六艺,捭阖东(日本)西(欧美);后起者更闻风而动,一闻新法,莫不开悟,心力坚正,驰骛往来,敦厉新风,从服装界到闾巷女子,群起奔竞。从清末到20世纪末百年之间,旗袍已经在红帮及其新一代传人手中产生了多种新款式,至当代,旗袍更走上了中西合璧的创新境界,体现了中国服装的时代精神。回顾历史,人们都会惊叹:清代的旗袍已经脱胎换骨、面目全新了。

最终的结果是:以衣冠将人分为上下贵贱的封建服制被打倒了,衣冠平等、自由的民主服制建立起来了。在生产方式、发展方式转换的过程中,红帮人也完成了自我的一次思想观念的转换。

(二)四海为家,衣被天下

由于"人稠地狭"矛盾的长期持续,"耕垦无田"以及宁波港的发展,终于改变了"穷家难舍,熟土难离"的农民和小手工业者传统性格,渐渐形成了"民皆不安其土""民无定业""以开辟为事",以至于"恬风波而轻生死","四出营生,商旅遍于天下",甚至于海外诸国,"亦措资结队而往,开设廛肆,有娶妇长子孙者"。哪里有工做,便到哪里去,哪里有商机,便到哪里去,以至于产生"天下无宁不成市"之说。以红帮裁缝而言,几乎没有什么城市不是他们的人生目的地。从大上海到哈尔滨,从日本横滨到俄国小

红帮发展史纲要

城,从天堂苏杭,到风雪高原,都成为他们创业之热土。这和宁波帮工商巨子们是有所不同的。到民国二三十年间,可谓全国城市一片"红"。民国《鄞县通志·序》已注意到这一历史现象,多次记述说:"邑人足迹遍履全国、南洋、欧美各地。"董涤尘在《杭州西服见闻》中也说:"部分裁缝漂洋过海,随外国人至俄国、日本、南洋、欧美谋生,有数千人。大多数裁缝回国,多定居于符拉迪沃斯托克(海参崴)、哈尔滨、天津和南方的上海、厦门、广州。"(58)

且看一些红帮人的足迹:

奉化达溪镇有个裁缝叫毛炳财,生于1894年,1908年在本村学做传统裁缝,1910年便随人到哈尔滨学做西式裁缝,抗日战争期间逃至青岛,后至上海。1947年到杭州,1948年回故乡。1952年又去杭州,1956年回奉化。中间,国民党军队曾欲带他去台湾,终因母亲干预,未去。像毛炳财这样一生驰骋当途的裁缝,是难以计数的。趋赴天涯,已经相沿成风了。

江苏省现代服装业的创始人李来义父子,虽然终成大企业家,但他们从来没有以一城一地为得失。李来义原是奉化的农家孩子,十来岁即随父去上海"学生意",成为邬顺昌西服店学徒,出道后成为店主的入赘女婿,随岳父到苏州。岳父去世后,他将店名"邬顺昌"改为"李顺昌",在苏州打开了局面,随后,他将4个儿子都培养成红帮裁缝,但他没有让4个儿子都留在苏州,而让长子宗标到南京,次子增坤到扬州,另外两子各自迁出李顺昌,自立门户。李宗标承接了李顺昌的牌子和风范。抗日战争期间,他迁至成都、昆明等5个城市开办5个分号,其间,奔波于川、滇、鄂、赣各省,南京光复后迁回南京复业。曾为蒋介石、孔祥熙等国民党要员制装,孔祥熙的2个女儿曾多次指名要李宗标之子黉达为她们制作西式服装。新中国成立后,李顺昌荣获"西服优秀设计奖""消费者信得过产品奖",成为"中华老字号"名店。改革开放后,李氏裁缝世家没有忘记祖籍,利用自己的盛誉,通过多种方式,帮助宁波多家服装企业创业。

在宁波,这种纵横驰骋的人,可从红帮名人录中信手拈来。且说康镇兴,他祖籍奉化县亭下乡,1921年生于镇海县城。11岁到宁波"学做生意",不久,回镇海当学徒,终究没有出路。12岁随堂兄闯关东,在长春一家镇海人开办的锦昌洋服店学做西式裁缝。日本侵略者扶植的伪满洲国傀儡皇帝溥仪、满朝"官员"沐猴而冠,一时,洋服生意热了起来。康镇兴九死一生,沉浮于战乱之中,15岁到沈阳,偶遇镇海大矸人董老板,他与人合开的泰兴洋服装店收留了康镇兴。1939年冬,康镇兴流落到牡丹江市,2年后返回长春。1942年到了河北省石家庄,那里有宁波裁缝开办的10多家西服店。康镇兴先做打工仔,终于于1945年成家立业,创办了新光西服店,随后迁往北平,1年后迁至天津,解放战争期间迁到上海,不久返回宁波。北平和平解放后,康镇兴又赶往古都。20年闯荡东西南北,终于在北京站稳脚跟,成为做苏(俄)式西装的名手,曾为陈毅副总理等党和国家领导人做过西服和中山装。1958年曾被评为北京市先进工作者,1980年曾任王府井大街服装合作总社门市部经理。不久,调入中华老字号雷蒙,与红帮名师楼景康一起主持工作。直到1985年退休,但他退而未休,又应清河昕光服装厂之邀,为他们培训了40多名技工。

这样的人物,在红帮队伍中,谁能统计出有多少人!

鄞县下应镇是红帮名师顾天云、王铭堂、陆成法等人的故乡,这个镇的河西村有个红帮裁缝应德祥,也是颇具代表性的。他出生于1905年,10多岁即到南京一家印度人开办的西服店做学徒,满师后即西去汉口,抗战期间迁往贵阳,在贵阳与上海女子王腰柳结婚。不久,迁往昆明,两口子同心同德,与人拼股开办了华昌西服店。三四年后迁至长沙,去上海考察了服装业行情后,1947年与同乡金加昌、李文合作,创办了上海九龙服装行,在长沙60多家服装店中,他美誉远扬。新中国成立后,他总结了自己从事现代服装的经验,除了在长沙广泛传授之外,还应邀去醴陵等18个地区"传经送宝",作技术表演100多次,成为长沙服装界的一位名师。

从这些红帮人的经历中,人们不难看出,他们已经不再是"守土重迁"的传统农民、小手工业者,而是应时而动的现代创业者,他们已经活学活用了"树挪死,人挪活""绝不在一棵树上吊死"的宁波人的人生哲学。而且,当这个群体真正成熟之后,他们应时而动、应势而行的风范越发鲜明,到抗日战争时期,已经不再是某个人单飞了,而是整体性、群体性的大迁徙了。王宏卿、周永升等人组建的华商转战千里,李宗标的李顺昌游击中南各省,王惠英等人在四明山革命根据地组建的四明被服厂经常搬迁,20世纪40年代上海红帮名店名师向香港的大转移等,均是显例。到20世纪50年代,又进入了新的境界,完全是有计划、有组织、有目的的战略转移了,大批红帮名店整体进京,有一些则北上东三省,西进青海、宁夏、西藏。他们的迁徙已经是以中国服装现代化为目标的,颇有"衣被天下"之志了。从各国政要、社会名流、文体明星,到工农兵学商各个阶层民众,都成为他们的服务对象。他们乐于"为天下人作嫁衣裳"。

曾有人说:宁波是红帮的第一故乡,上海、横滨是红帮的第二故乡,哈尔滨是红帮的第三故乡,香港是红帮的第四故乡……这实在是说不清楚的。在他们跨出创业第一步之后,他们就习惯于常认他乡作故乡了,东西南北中,每座城市都是他们创业的沃土、成"家"立业的宝地。不但四海为家,而且"所止必成名",他们在所立足的每一个城市中,几乎都成为那个城市现代服装业的领唱者、领跑者。

这样,他们就向以往的社会学家提出挑战了:以往,社会学家一般均将移民分为两类:谋生型和发展型。红帮呢,却是介乎这两者之间的历史创造物。他们开创了独特的事业之路。当他们的第一代父兄揖别故土的时候,也许和当年北方走西口、闯关东的人们一样,是在故乡难以谋生的窘迫环境的驱使下外出寻食的,但是他们却又不是只握着两只空拳出门的,他们多有一技之长,他们出发时目的地明确,都是走向城市的。进入城市之后,他们凭借自己的勤俭、重承诺、守信用的固有品格,很快就能找到立足之地,站稳脚跟;而站稳之后,他们绝不歇进,温饱之后,便策划开作坊,办公司。有了第一步就有第二步。城市化是第一步,第二步是国际化。这既和一般移民不同,也和本帮裁缝不同,从张有松到后继者江良通、王睿谟,再到顾天云、陆成法、王庭淼、余元芳;进入新时期后,又涌现出李如成、郑永刚、盛静生,等等。他们出身于宁波农村,但他们不约而同,都走了城市化、国际化的发展道路,城市开阔了他们的眼界,拓展了他们的心胸,他们在取得发展的可能性之后,都能摆脱小家子气,都能放眼世界,哪里有发展前途,就奔到哪里,主动接受异质文化,融入新的社会生活。万里关山尽家园,视险为夷,瞻程非邈,展示了红帮人的大家风范、"做大生意"的企业家气度。

当然,这种"席卷天下、包举宇内、囊括四海之意",是在长期实践中逐步形成、发展起来的。开始,他们是以血缘为纽带的,继而扩大为乡缘,随着事业的发展,眼界的扩大,他们便走向"五湖四海"的境界了。比如,第四代人除张姓外,还有陆成法、王庭淼、楼景康;第五、六代人,范围就更大了,有陈姓、李姓、江姓,在北上、西进、南下中,自然更没有乡土观念可言了。陈星法在西宁先后培养了几百名接班人。顾天云编撰《西服裁剪指南》更是适例。他编撰此书,绝不是小裁缝对宁波裁缝手艺的狭隘归结,也不是只为西服技艺的传授为旨归的,而是有思想、有远谋的。当初,他不过是个有自己作坊的小业主,他到日本、到欧洲去干什么,那可不是拿国家的钞票"出国考察",观赏异域风光。他是用自己辛辛苦苦攒积起来的那点钱去做专业考察的,他的专著是他在国外学习、考察的体会、总结,是他对中西服装对比研究的成果。19世纪末,他在上海裕昌祥西服店做学徒时,他已经意识到"华夷互市之秋",国人绝不能只埋头干活了,"处于商战剧烈之世界",必须纵观世界风云变幻,了解世界,认识世界,于是,他21岁时,便毅然自觉挤排时间,苦学英语,又学日语,到国外学习、考察,他说:"予在国外二十年,目察外人之业此者,莫不悉心研究。"经过比较研究,他认识到传统的"峨冠博带,巨袖长袍,已不适于现代之潮流,日趋于淘汰之列",而"西服既便于操作,又足观瞻",因之他断定:"西服有蒸蒸日上之势。"回国后,在经营实践中,他发现同行中有种种陈规弊端,诸如"墨守旧法,不肯传授(经验)于人,又少匠心独运、精益求精之人,将此我业蒙有退无进之危险,予甚忧之"。于是他发愤著书,并将其作为教材,毫无保留地向同行、青年传授。没有忧国忧民之情,没有衣被天下之心,怎么会有如此广阔的眼界和襟怀?

（三）精诚敬业，风标自树

在伦理关系、道德精神方面，他们同时完成了一次群体性的转换。

他们既执守我国劳动人民传统伦理、道德的根本和精华部分，同时面向现代。在"五伦"中，他们强化了个人与国家民族的关系、同业同仁的关系，强化了诚信、互助，"同舟共济"，"有财大家发"，同行互利，抛弃了"祖传秘方，不传外人外姓"的陈规陋俗，共同总结本业金箴、诀窍，广为传播，"红帮传人"已不再限于宁波人，甚至不限于中国人。在道德精神方面，提倡并践履"义利合一，以理制欲"原则，利义统一，相得益彰，扼制了见利忘义、为富不仁之恶劣习气，坚守勤俭美德，热心行善积德、扶贫济危，报效桑梓，报效国家。这从《上海市西服商业同业公会章程》等公会、公所、会馆、工会章程中，从辛亥革命、抗日战争、解放战争、抗美援朝和整体迁京、"支内""支边"等实践中，均鲜明而深刻地体现出来。

传统的旧观念往往像幽灵一样，总是藕断丝连，缠住人们的灵魂。以当代的某些史学家而言，他们往往把服饰史拒于通史、文化史之外，把红帮拒于服装史之外；再看某些领导者，在公开场合中，虽然可以以宁波"四张名片"为口头禅谈论服装，但在他们心目中，红帮似乎仍是"小裁缝""小儿科"。

红帮人在服装改革中，改变了自己的历史形象。

培罗蒙有一位老裁缝叫蒋家垫，此人相貌平常，瘦瘦黑黑的，又讷于言语，他在培罗蒙干了数十年，从上海到香港，凭借一手剪上工夫，无人不敬服他，包玉刚、邵逸夫等香港"大王"级的人物，都以恭敬态度待他，都是培罗蒙的常客。每逢蒋师傅"量体裁衣"，他们不但以礼待客，热忱招待，而且用家乡话和他寒暄，以示乡党之谊；工作结束，必亲自送客，以示敬意。香港媒体还以"裁神"称颂这位红帮裁缝。但这并非特例，在红帮近两百年的历史上，已经涌现出很多名重四海的人物，诸如被誉为"红帮鼻祖"的张氏裁缝家族、被表彰为"模范商人"的王才运，以及"红帮名师"顾天云、"西服王子"许达昌、"东北第一剪"张定表，"西装国手"余元芳，被周恩来称为红帮"巧匠"、"海派西服"主创者之一的楼景康，还有"三庆""三宝"等。在当代，也有始终以"红帮人""当代红帮裁缝"自许、自勉、自律的盛静生等，亦举不胜举。他们都在以他们创造的"第一"为自己勒石记功，都在以他们对中国服装现代化的非凡贡献为现代裁缝树碑立传。

红帮不是什么人包装出来的。

红帮旗下无虚士，他们以"工商皆本"作为从业、择业依据。据此，他们崇本敬业，从业必精，尽心尽职，务实立功。在他们心目中，"职业无贵贱"（顾天云语），以职业分贵贱的传统的观念已被颠覆，百业并举，平起平坐；百业同出，各显神通；人工开物，自掘财富；正当获利，天经地义。这种职业平等意识、崇实务实的价值观，引导他们自爱自尊，以实业实功为国家民族添彩增誉，为历史增添新精神。所以，到民国时，《鄞县通志·文献志·礼俗》已经明确写下了这样的论述："商业为邑人所擅长。""本邑为通商大埠，习与性成，兼之生计日绌，故高小毕业者，父兄即命之学贾。而肄业中学者，其志亦在通晓英、算，为异日得商界优越之位置，往往有毕业中学不逾时即改为商。即大学毕业或自欧美留学而归者，一遇有商业高等地位，亦尽弃其学而为之。故入仕途者既属寥寥，即愿拥皋皮而终身为教师者，十之中亦不过三四。"

因为红帮创业者、承传者的敬业崇工，并且不断有所发明，有所创新，事业日益辉煌，剪上科技、衣上文化日益精彩、精博、精深，不但立业立功，而且立德、立言者日多，推出了不少服务当代、传诸后世之著述。因为他们的子孙心无旁骛，承传祖业者，第二、三、四、五代包括高学历者，亦承传祖业，乐此不怠，形成那么多红帮裁缝世家。在新的时代条件下，他们又精心致思，向着顾天云当年提出的方向不断前行："尊重本业""匠心独运""学无止境"；"对于学术，必须精益求精"，从而使产品"能轶出欧美而上之"；"藉出品之精良，而争得国外市场"。

由于敬业至诚，把产业、科研、教育融为一体，锐思求精，他们便能不断开拓新业绩，取得新成果。牢记祖父初出道时奉行的"家有千金，不如一技在手"的原始观念，先做纤微之事，有的从为人缝补修改旧衣开始，有的是带着剪刀走街串巷寻求生意,从饭中节约、衣上省俭,有点积蓄之后,在马路上摆个小摊,日积月累,办了小作坊。继而,他们引进了美国"铁车"——胜家牌缝纫机,开办缝纫机公司,开始迈上机械化道路,开办起服装公司,确如司马迁在《史记·货殖列传》所描述的那样:"卖浆,小业也,而张氏万千;洒削(洒水磨刀剪),薄技也,而郅氏鼎食……此皆诚壹之所致。"

他们的敬业之诚,还表现为致力于服装科技文化研究,开发出一套套新科技新工艺"秘诀",并以精当的语言进行表述,诸如"四功""九势""十六字诀"等;对本帮裁缝的"量体裁衣"原则,他们也大加创新,不再单靠尺量、"目测",不但能远距离测出尺寸,而且能观察人的心性气质,再参照个人爱好,设制出充分个性化的服装来;并且研究出"服装结构的准确的函数关系",为服装现代化提供科学依据。在这个基础上,又百尺竿头,更进一步,运用当代高科技手段对红帮的新老技艺进行研究、创新,使之有新语义、新方程,实现数控智能自动化。[59] "以不息为体,以日新为道"(唐刘禹锡语)。红帮的"量体裁衣"已经进入了"内视"境界。所谓内视,就是对顾客由表及里,进行内心省察,使"量体"精神化、心理化;而"体"也就不只是身材、"三围",而是主体、本体,人的躯体和内心世界的统一体。这也许是由道家的学术里引发出来的吧,道家认为:修炼高深的人,能洞察人的内心世界、精神态度。《抱朴子·地真》说:"思见身中诸神,而内视令见之法,不可胜计。"自然,更多的是源于现代心理学。现代服装设计师是必须学习心理学的。他们所说的"裁衣",按包昌法先生的观点,裁剪之前,必有设计。设计——裁剪——缝制。就是说,红帮要求裁缝炼出"内视"之功,既能看清人的身材各部位之尺寸,更能看出人的心性气质、思想修养,再结合个性,进行设计,做出高度个性化的服装来。

自然,培养大师,打造名牌,创立世界服装名城,尚任重而道远。孙中山先生提出的体现"国体"的国服,尚未有成果成果,仍需努力。毛泽东主席提出的"标新立异",尤待在产业、教学与科研的切实结合中创造。

美国哥伦比亚大学教授 E.赫洛克在其《服装心理学》一书中说:"民

众的衣着是当时思想意识的具体化。""生活的其他方面都不像时装那样明显地表现出思想和感情的总趋势。"应该说,这一观点是很精辟的,既是对人类服装发展历史的准确描述,对人类服装发展也是具有指引意义的。

中国已经进入全面建设小康社会的新历史时期,我们的服装必须与时俱进,必须标新立异,必须多姿多彩,必须体现中华民族思想、感情的新趋势。为此,我们必须继承、弘扬红帮精神,培养出世界级的服装大师来,创造出世界级的服装名牌来,让更多的中式服装,既为中国人民所喜爱、所欣赏,也为世界各地人民所喜爱、所欣赏。

六、红帮的大工匠意识举要

红帮裁缝成为国家级工匠群体之后,在长期的制衣实践中逐渐产生一些新的理性认识,进而产生一些新的概念、语言(表达方式),终而形成特有的工匠意识。其后,又用这种意识指导、影响群体的职业活动,使之具有明确的预期性、方向性、目的性。工匠意识在这样的实践中得到深化、提升。我们根据历年访问红帮老人与有关人士的资料,对其做如下初步概括。

(一)惟新为大意识

这是红帮裁缝的主导意识,是浩浩荡荡的时代大潮孕育了这种意识。这种意识是红帮发展、壮大和一切成就的奠基之石。

以中山装为例,新技术、新工艺的层出不穷,带来了中山装款式的不断改革、创新。孙中山先生穿过的中山装,至少有 7 种款式、样式。1956年 8 月,上海红帮名店集体迁到北京之后,红帮的工匠意识提升到了一个新的高度。他们根据毛泽东主席体形的特点,将中山装加以改革,将原先较小的翻领加阔加长,改作尖型大翻领,前后襟都加阔一些,后襟加长一点,肩部则稍窄一点,中腰稍凹一点,袖笼提高一点;采用银灰、深灰色两种面料。毛主席在重大活动中均穿这款中山装,引起全世界的广泛关注和推崇。至新中国成立 60 周年大庆时,胡锦涛主席国庆阅兵穿的中山装又有创新:领子加宽了,4 个口袋压了黏胶,下摆亦做了特殊工艺处理,使他抬臂、挥手时领角两边始终保持同一高度。[60]

对于西服,红帮工匠们不是照搬照抄,而是创新式引进,使之适合中国人的审美要求、衣着习惯、民族性格。海派西服就是代表。西方的西服要求紧贴身体,体现西方人的人体特点,显现躯体曲线。海派西服则总体上较为舒展、宽松,既讲求适体、美体,还要求健体,在外衣与内衣、身体之间保有适当空隙,使空气得以流通,符合保健要求,也使着装者活动自如,不受束缚、牵扯。这样的西服穿上之后,便能体现中国人的雍容、大方、高雅。

改革后的旗袍也是一样,大概每 10 多年就有一次大的创新。改革开放之后,旗袍的创新步伐就更快了。

(二)积微成著意识

红帮工匠们踏石留印,抓铁留痕,在制衣实践中一步一个脚印,随后又不断回首每个坚实的脚印,用心思考,善于总结、概括。这种活动人人参与,集思广益,相互启发,终于积微成著,提炼出制衣技术、技能、工艺的系统性诀窍,红帮巨擘戴祖贻先生称之为“经典要诀”。在制衣总体要素方面,红帮工匠概括出“四功”,指制衣操作过程中必备的四大功夫,刀功、车功、手功、烫功,每功下面又有细功若干[61]。如手工,是指制衣中必须用手工缝制的部位的功夫。手工又有 14 种工艺手法,用于衣服的不同部位。刀功,即剪刀功夫,不但概括出剪刀操作方面的功夫,而且总结了裁剪中必须掌握的技能、技巧。烫功又有推、归、拨、压等手法的奥妙,使衣服达到审美要求。车功即使用缝纫机的功夫。西方裁缝制作西服,原来只用手工,红帮工匠将手工与机械结合起来使用,不但提高了效率,而且使衣服达到现代美感,所以缝纫机的使用及其技巧,亦成为红帮工匠必备的功夫。“九势”,是指服装的 9 个部位的造型必须和人体 9 个部位的曲面相吻合。这是对制衣工艺的精微要求,使衣服与人一体化。比如,窝势要求衣服边缘要向人体自然卷曲,弯势要求衣袖向前弯曲弧度自然、顺畅。"十六字诀",是对成衣工艺技术效果的 16 种描述,各有侧重点。有的是对着装者着装后的感受的描述,如"松""轻",是指舒适、灵便、伸展自如。"活"是指成衣的线条要活泼、灵动,是要求服装人性化,达到衣人合一的境界。就是说在红帮工匠心目中,衣服应该是生命鲜活的,有助于体现人的生命活力。"四功""九势""十六字诀"及其下面的一些细目,是红帮百年制衣技艺和心血凝聚而成的,其内容与方法都值得继承、弘扬、创新。

(三)坚守意识

精意如一,没有恶杂之念,绝不东张西望,始终坚守本业,也就是当今大国工匠所说的"一生只做一件事、做好一件事"。红帮工匠们的这种敬业意识往往达到登峰造极的地步。试举几例如下:

被誉为红帮一代宗师的顾天云先是东渡日本实习、考察,几年后又去欧洲追本溯源,探寻西服发生、发展之路,访问了很多名店、名师,搜罗了大量图文资料,潜心研究西服科技、工艺、文化。1923 年回国后,他一边经营西服店,一边精心编撰《西服裁剪指南》。作为一个小业主,为什么要花十年时间编撰这么一本书?因为他忧心如焚!在此书绪论中,他指陈了中国服装业的保守、落后,提出了服装业的改革之路。就是说,这是一部忧国忧民之作,是呼吁中国服装业改革之作。

顾天云没有空发高论,而是脚踏实地,身体力行。他以此书为教材,通过多种方式、形式,培养了一批又一批接班人。这些人后来都成为中国现代服装业的栋梁之材。顾天云最终在为服装事业奔波的途中猝死于日本东京火车站。对于中国服装业,他做到了鞠躬尽瘁,死而后已!

再说包昌法,他从到上海祥生雨衣厂当学徒开始,就迷上了服装业,几十年如一日,心无旁骛,刻苦钻研,陆陆续续出版发行的服装相关的通俗读物、学术专著多达 40 种,发表的文章达 200 余篇。他如今已是 80 多岁的老人,但依然不改初衷,为中国服装业的发展、创新笔耕不辍,仍会有新作问世。

再说红帮第六代传人江继明。他幼年在外婆、母亲的影响下,对服装产生了强烈兴趣,13岁去上海做学徒,其后转益多师,最后拜红帮名师、"西服状元"陆成法为师,学业猛进。他一生都在服装业中奋进,除了制衣,还独立创办红帮研究所,又在服装专业学校执教;同时,致力于服装技术、工艺研究,出版著作。尤其令人关注的是,江继明自20世纪70年代起,先后取得发明成果10多种。其中获国家发明专利证书的就有6种,服装折纸打样法、衣领简便验算法等影响尤著。他以80多岁的高龄,仍然坚守在服装技艺改革、创新的岗位上。从1994年起,人民日报曾5次报道他的有关活动与贡献,中央电视台、光明日报、中国服饰报、中国纺织报等传媒也多次报道他的贡献。[62]

像这样的坚守者还有很多,海派西服的主创者楼景康、被香港媒体誉为"裁神"的蒋家埜、"模范商人"王才运、红都服装公司两任名动京城的经理余元芳和王庭淼、攀登服装理论高峰的戴永甫、国际大裁缝戴祖贻等,都有精彩的人生故事。

在红帮百年历程中,涌现出许多世家。他们世代坚守本业,与时俱进,在全国、世界各地历尽艰辛,创立了很多红帮名店。这样的裁缝望族也是不胜枚举的。"红帮第一村"——孙家漕村,就有张氏家族、孙氏家族、陈氏家族;与之毗邻的奉化亦复如此,王氏家族、江氏家族等,都是功业卓著的裁缝望族,著名的荣昌祥、创店很早的和昌号,就分别是王氏、江氏家族创立的。宁波所属各地均有裁缝家族。早年,他们以血缘关系为纽带协力创业,事业发展了,他们都走上"五湖四海"之路。

(四)极致意识

极致意识就是当今大国工匠所说的手中有"绝活","把产品做到无人可以取代的程度"。将产品做到达于化境的红帮工匠甚多,他们以精品打天下、以极品征服世界。他们为我国的党和国家领导人制装;为美国总统福特、老布什、克林顿,日本首相福田康夫、田中角荣、大平正芳,柬埔寨国王西哈努克,尼泊尔国王马亨德拉,埃塞俄比亚皇帝塞拉西,加纳总统恩克鲁玛,坦桑尼亚总统尼雷尔等外国元首制装;请他们制装的社会名流、工商巨头、文体明星就更多了。日本《纤维报》曾载文称培罗蒙为"洋服大物",美国《财富》杂志曾载文称培罗蒙创始人许达昌为"全球八大著名裁剪大师之一"[63]。

红帮工匠还以手中的绝技为身材异常的人创造了许多奇迹。韩国三星集团创始人李秉喆肩膀有点耸,穿上一般的西服就有叉肩缩颈的问题。戴祖贻为他制衣时,思索再三,最后从中国古代的"美人肩"中得到启示,决定将肩部做成斜肩,又把衣服外边的襻顶改放到里边靠近肩部的部位。这样做出来之后,效果非常好。李秉喆为此对戴祖贻赞不绝口,此后他一直在培罗蒙制装,每次到东京都要去看望戴祖贻,两人建立起了终身的友谊。美国著名科学家斯坦·奥弗辛斯基体型呈倒三角形,十分罕见,他到过英国、法国、意大利、新加坡等许多国家,都未做得一件满意的衣服,但戴祖贻却让他如愿以偿了。为此,他十分赞赏戴祖贻的智慧、技巧,认为他极富想象力、理解力。体型有严重问题的,诸如驼背、鸡胸等,都能在红帮工匠那里获得非常满意的服装。

修改服装,也是服装工匠体现极致意识的一个重要方面。任何服装上的"疑难杂症",红帮工匠都能像高明的医生一样,"手到病除"。有的顾客对服装十分考究,有一点点不合身都会要求修改,一次一次又一次,直到完全满意为止。1956年春,印度驻华大使小尼赫鲁在北京某服装店做了一套西服,有些不合意,修改多次仍然难以达到其要求。外交部知道后,即派人陪其到上海,请红帮名师余元芳修改。两天后,这位大使穿上修改好的服装十分满意,当即约请余元芳为他家人做几套西服。好文章是改出来的,好服装也往往是改出来的。戴祖贻深谙此道。对于一次次要求修改服装的人,他是很欢迎的,因为这类顾客是"懂行的",他们才是精品服装的欣赏者。

【注释】

(1)工商皆本:原出于黄宗羲:《明夷待访录·财计三》:"世儒不察,以工商为末,妄议抑之。夫工固圣王之所欲来,商亦又使其愿出于途者,盖皆本也。"后来,浙东学派研究者将其概括为"工商皆本"。参见季学源等:《明夷待访录导读》,巴蜀书社 1992 年成都版,第 176 页。

(2)参见宁波市政协文史委编:《宁波帮与中国近现代服装业》,中国文史出版社 2005 年版,第 12 页、第 13 页有关文字及图片。

(3)关于红帮名称由来,不同地域的人们有不同的说法,2001 年编写《红帮服装史》时,主编采用"红毛"说。关于地域,主编提出:用"奉化江两岸"比较稳妥、实际,又可避免行政地域之争,而且表明红帮发源地不是单源的(某一行政区域),而是多源的。

(4)见《杭州工商史料》第 2 辑,杭州市工商联 1985 年 9 月编印。

(5)参见 2009 年 10 月宁波鄞州区文广局与宁波服装博物馆编印的《红帮裁缝与宁波服装研讨会文集》第 116 页陈祖源文《称雄汉口服装业的红帮裁缝》。陈万丰、季学源 2002 年在武汉市图书馆查阅过《夏口县志》。

(6)上海轩辕殿成衣公所资料,存于上海市档案馆,参见薛理勇主编:《上海掌故辞典》,上海辞书出版社 1996 年版,第 130 页。亦可参阅宁波市政协文史委编:《宁波帮与中国近现代服装业》第 9 页《上海轩辕殿成衣公所》。

(7)参阅南宋宝庆《四明志》等有关志书,亦可参见季学源、陈万丰主编:《红帮服装史》,宁波出版社 2003 年版,第 6—8 页。

(8)参见张鸿奎:《移民论》,《上海社会科学院学术季刊》1992 年第 3 期。

(9)见《列宁全集》第 3 卷,人民出版社 1984 年版,第 530 页。

(10)见黑格尔:《历史哲学》,三联书店 1958 年版,第 134 页。

(11)见梁启超:《饮冰室合集·文集三十》,中华书局 1989 年版,第 108 页。

(12)参见季学源主编:《姚江文化史》,宁波出版社1998年版,第7章第3节、第8章第2节。浙江古籍出版社2006年修订本同上述章节。

(13)(14)见司马迁:《史记》,各版均有。

(15)见《浙江潮》,1903年卷第15页。

(16)见1916年8月25日杭州《国民日报》。亦见《孙中山全集》第1卷,中华书局1985年版。

(17)参见周岳:《试论鄞县人物的价值取向》,《浙江万里学院学报》2001年第4期。

(18)参见联合编辑委员会、上海市档案馆编:《上海和横滨》,华东师范大学出版社1997年版。

(19)见陶成波主编:《宁波成功企业家案例》,海洋出版社2000年版,第166页。

(20)见张志春:《中国服饰文化》第一卷的后记,中国纺织出版社2001年版。

(21)转引自宁波市政协文史委编:《宁波帮研究》,中国文史出版社2004年版,第60页。

(22)见黄宗羲:《明夷待访录·财计三》。

(23)中国早期留学生资料见《环球时报》2002年12月30日,第19版。

(24)参见法国布罗代尔:《资本主义论丛》,中央编译出版社1997年版,第70页。

(25)参见史美露主编:《南宋四明史氏》,四川美术出版社2006年版,第1、5部分。南宋史氏家族从政人物甚多,有"一门三宰相、四世两封王、五尚书、七十二进士"的记录,有"满朝文武,半出史家"等说法。

(26)见《列宁全集》第18卷第35页《新生的中国》。

(27)同上书第2卷439页。

(28)转引自王晓秋:《近代中国与日本》,昆仑出版社2005年版,第88页。原载《太阳》第18卷第2期,1912年版。

（29）见宁波市政协文史委编印：《宁波文史资料》第 11 辑。

（30）转引自《宁波日报》2002 年 8 月 22 日报道《孙中山先生遗迹宛然》。

（31）见《孙中山全集》第 3 卷《在宁波的演讲》，中华书局 1985 年版。

（32）同上书第 1 卷。

（33）参见《红帮服装史》。

（34）参见安毓英、金庚荣：《中国现代服装史》，中国轻工业出版社 1999 年版；张竞琼：《西"服"东渐——20 世纪中外服饰交流史》，安徽美术出版社 2002 年版。各家说法有些不同。有的著作说西服出现于法国大革命后，19 世纪中叶真正定型，形成规范，20 世纪初向世界广泛传播，可资参考。

（35）转引自王新生：《日本简史》，北京大学出版社 2005 年版，第 113 页。中国政府关于服饰改革的政令发布迟于日本（1912 年民国政府参政院发布礼服定制规定和剪辫通令）。

（36）参见宁波市政协文史委编：《宁波帮与中国近现代服装业》第 11 页。

（37）参见《朱舜水集·答安东守约书》，中华书局 1981 年版，亦可参见《姚江文化史》第 7 章第 1 节和第 8 章第 2 节。

（38）张尚义到日本时间待考。据民国二十年（1931）重修的《东张张氏宗谱》记述：张尚义生于清乾隆三十八年（1773），但与其子有松、其侄有福等人的年龄相比对，似不甚吻合，只能存疑。

（39）这是《红帮服装史》主编的提法，借以表明红帮的出道，并非只有一路，而是多路并进的。主要有南北两路，最具标志性的是上海和哈尔滨两大城市。

（40）关于中山装有多种说法，依据已查得的文献资料［《民国日报》，民国十六年（1927）三月廿六日刊登的荣昌祥关于中山装的广告及其说明文字；民国十六年（1927）三月三十日王顺泰在《民国日报》刊登的关于中山装的广告及其说明文字；《宁波日报》2009 年 9 月 12 日关于中山装创制的报道;1997年宁波出版社出版的《宁波服装史话》(吕国荣主编)],权且采用红帮首创中山装之说。

(41)参见宁波市政协文史委编:《宁波帮与中国近现代服装业》第2章第2节。

(42)关于第一件中国裁缝做的西装,有不同的说法,待考。

(43)关于中国裁缝开办的第一家服装店,已有3种说法。一是江良通1896年在上海开办的和昌号西服店之说(见《红帮服装史》第68页);二是邬顺昌(李顺昌)1879年在苏州开办西服店之说,见诸宁波报端;继而又有汪天泰于1871年由上海到北京开办西服店之说(见徐祖光《北京的红帮裁缝》一文。《宁波帮与中国近现代服装业》采用此说)。谁为中国第一家西服店,宜继续考证。由此,红帮研究初期提出的"红帮开创'五个第一'"之说不实。此说在世纪之交一度流传甚广。5个"第一"中有两三个迄今不能完全落实。

红帮发展史纲要

(44)见董涤尘《杭州西装业见闻》,《杭州工商史料》第2辑,杭州工商联1985年9月编印。

(45)见《红帮裁缝与宁波服装研讨会文集》,陈祖源文《称雄汉口服装业的红帮裁缝》。

(46)见1956年2月2日新华通讯社电讯,《人民日报》等各大报均有报道。

(47)见《毛泽东文选》第7卷《同音乐工作者的谈话》,人民出版社1999年版,第76页。

(48)转引自《新华书摘》2010年第4期,李小翠摘自解放军文艺出版社《历史的背影》(黄加佳)。

(49)吴昊主编:《香港服装史》,1992年1月香港次文化堂制作。

(50)见《羊城晚报》2010年5月16日关相生文《胡耀邦在广州轶闻》及《炎黄春秋》2008年第6期魏元明文。

(51)见《上海服装年鉴》,知识出版社1985年版。

(52)罗蒙、雅戈尔、杉杉、培罗成等当代著名服装企业部分,参见《宁波帮与中国近现代服装业》第5章。

（53）参见张竞琼：《西"服"东渐——20世纪中外服饰交流史》第3章第3节《国际时尚体系中的中国服饰》。

（54）孔寿山：《服装美学——穿着艺术与科学（第二版）》，上海科学技术出版社2000年版，第23页。

（55）张氏观点见《宁波旅沪同乡会月刊》1929年8月第73期第2页。顾氏观点见《西服裁剪指南》绪论。

（56）张竞琼主编：《现代中外服装史纲》，中国纺织大学出版社1998年版，第35页。

（57）引自木村匡：《森先生传》，金港堂1909年版，第99—102页。见《中日战争资料丛刊·李鸿章与森有礼问答节略》第299页。亦见《李文忠公全集·奏稿》卷四十三。

（58）见《杭州工商史料》第2辑。

（59）参见2009年10月《红帮裁缝与宁波服装研究会文集》第44页、163页。

（60）据宁波服装博物馆提供的有关资料、冯维国《情深艺高——记北京红都时装公司高级服装师田阿桐》，《中国时装》1986年第1期。

（61）参阅刘云华著《红帮裁缝研究》第二章，浙江大学出版社2010年版。

（62）见叶清如编著《红帮第六代传人江继明传》，中国国际文化出版社2013年版第64页。

（63）见宁波市北仑区政协文史委等编《红帮名家戴祖贻》，中国文史出版社2017年版第6页。

【主要参考文献】

[1]宁波服装博物馆展厅资料、图片。

[2]季学源、陈万丰主编：《红帮服装史》，宁波出版社2003年版。

[3]宁波市政协文史委编：《宁波帮与中国近现代服装业》，中国文史

出版社 2005 年版。

[4]宁波市政协文史委编:《宁波帮研究》,中国文史出版社 2004 年版。

[5]《宁波服装学院学报》《浙江纺织服装职业技术学院学报》2001—2010 年各期中有关红帮的论文、资料。

[6]沈从文编著:《中国古代服饰研究》,上海书店出版社 2002 年版。

[7]陈高华、徐吉军主编:《中国服饰通史》,宁波出版社 2002 年版。

98

红帮发展史纲要

红帮名人名店传略

红帮第一村——张氏等裁缝世家

陈万丰　季学源

一、红帮第一村

　　宁波,是中国近现代服装的发祥地。

　　20 世纪 80 年代,原中国纺织工业部领导人就有明确论断:宁波,是红帮裁缝的故乡。

　　2001 年 10 月,第 4 届宁波国际服装节期间,中国服装协会、宁波市服装协会、鄞县服装技术协会、宁波服装博物馆等服装界、文化界领导人和有关人士,来到鄞县姜山镇孙张漕村村头一棵大樟树下,树立了一尊碑石,碑面为现代服装上衣前襟左片式样,上书"中国红帮第一村"7 个大字(见图 1)。

图 1　中国红帮第一村碑

　　这块朴素的石碑,揭示了中国近现代服装史一个重要的史实:中国近现代服装的开拓者、中国服装现代化的主力部队,最早是从这里走出去的。

　　对此,民国《鄞县通志》在舆地、工业、服饰、礼俗等部分中,已有具体而生动的论述:

"姜山,村民多以捕墨鱼为业,兼业西帮裁缝,商者亦多,故较富庶。克强乡的应家、孙家、林家、大桥头、下倪、俞家、唐家、蒋家、王家堰等村,居民自农业外,则操呢绒业及制西服者多……故殷富者多。"

　　"南乡……丰和之西南为永和乡,其地之边界毗连奉化,居民之风气、语音,往往有与奉化近者。平居生业,若横山后、蔡郎桥、孙家庄、周家埭、姜山头与其邻乡之张华山、侯家、陈家团、孙家山等村,大率农服先畴工习西帮裁缝,且有远赴日本而因以起家者。一人唱之万人和之,相率而成风。"

　　"自海通以还,工人知墨守旧习不足与人相竞争,于是舍旧谋新,渐趋欧化。若成衣,若土木,若铜铁,若机械,若绘图(俗曰打样)等,东南两乡业此者孔多。成衣、土木名之曰红帮裁缝、红帮作头。"

　　"海通以还,商于沪上者日多,奢靡之习由轮舶运输而来,乡风之丕变,私居燕服亦被绮罗,穷乡僻壤,通行舶品。近年,虽小家妇女,亦无不佩带金珠者。往往时式服装,甫流行于沪上,不数日,乡里之人即仿效之,有莫之能御矣。"

　　这就简明扼要地把这段历史说清楚了。《通志》中所说的"西帮裁缝""操呢绒业及制西服者""红帮裁缝",实际上都是从事现代服装业的新式裁缝——红帮裁缝。他们最初是从宁波地区走出来的。最集中的是奉化江两岸的鄞县和奉化县。

　　虽然时代相去并不甚远,但由于儒家的重农主义、以农为本而贬抑工商的传统思想的影响,红帮裁缝诞生一个多世纪了,却依然名不见经传,近现代的史学家们(包括早期的服装史研究者)在他们的著述中根本不记述或极少提及红帮人士的历史性贡献,以至于"现代服装史成为中国服装史中最薄弱的无头无绪的环节"。改革开放之后,红帮故乡的人们开始收集、整理宁波的服装史料,终于发现红帮在中国服装史上的开创性的历史功勋。为了觅得切实可靠的史料,他们历经千辛万苦,走访千家万户,查阅千卷万档,终于获得万千资料(实物、文字),初步理出了红帮裁缝孕育、诞生、发展的历程。从迄今掌握的资料考察,《鄞县通志》中所说的"一人唱之,万人和之",这个"一人"就是从孙张漕村走出去成为第一代现代裁缝的张有松等。他们的经历,他们的成功,对乡亲们的启示和现实影响是极大的。

据孙张漕村的老人传说和当年留下的片纸、文书综合考察,孙张漕村的裁缝孙通江到日本学做西服、在神户创办益泰昌呢绒西服号,是紧随张氏裁缝家族之后的,也是"红帮第一村"的元老。据光绪三十一年(1905)孙张漕村《张氏宗谱》记载:族人孙通江"体母氏之志,长而东渡扶桑,经营商业,不数十年,积赀累储,门祚昌大。光绪二十五年(1899),孙君以积劳成疾自东瀛归"。

孙通江回国时,把益泰昌交给孙子友益经营。不久,孙友益也回国,遂将益泰昌交给既是同乡又是表兄弟的周盛赓经营。周盛赓经营有方,逐步将益泰昌做大做强。孙氏和周氏后人,有很多人承继祖业。孙通能、孙通章、孙惠堂及其子孙曾在上海、重庆从事服装业;孙友益的女儿淑贞也在益泰昌工作过,回国后曾在汉口、九江等城市从事现代服装业;孙氏后人孙铭利、孙修生、孙德生、孙荣茂、孙亨瑾、孙亨瑆、孙桂娣、孙锦利、孙林娣等,曾去俄国、日本和上海等地学习裁缝技艺,曾在日本和国内从事服装业,堪称红帮裁缝世家。周盛赓有10来个子女,都久居日本,其子周铭正后来成为神户服装界名望很高的人物,曾任中日友好协会三江理事会会长。周氏后人周海山、周庆仁、周万里、周根源等,都是从事现代服装业的。显然,周氏也是典型的红帮裁缝世家。

与孙、周两个裁缝世家有承传关系的,还有一些人。邻村的洪友钰,曾去周氏益泰昌学习裁缝,抗日战争爆发后回国,在上海钧益西服店、东源西服店做裁剪师。

从"红帮第一村"和邻近村落走出去的有名的红帮裁缝还有很多:

胡平耀、胡平安,早年去日本做洋服,其后代一直在日本冲绳县具志川市开洋服店。其继起者中有孙钦华,1918 年在北京王府井大街梯子胡同开过孙钦记服装店,曾为孙中山、宋庆龄做过服装。其子孙光武 1925 年在北京学红帮工艺,1938 年到天津,受聘俄国洋行和维汉学院,分别任裁剪师和教师。两年后返京,在王府井大街二条胡同开蝴蝶女西服店。同村的孙通钮,也在日本学习服装工艺。另一位孙□□,父兄早年在横滨中华街开兴隆洋服号,曾为日本首相大平正芳做服装。新中国成立后,郭沫若、万里访日时,曾至该店访问。

还有陈氏裁缝家族:陈陛曙,1917 年学了裁缝手艺后,曾北上俄国达哈巴罗夫斯克开办别德罗夫洋服店。1922 年回国,在哈尔滨秋林洋行服装部学习罗宋派西服。1946 年开办侨民会服装店,人称"跨国裁缝"。与他一起工作的有:沈风水、董家跳(斗门桥人);陈谒福,1936 年在哈尔滨其姨丈邬显辉开的春光洋服店学艺,1946 年回宁波,在公园路开过培华西服店;陈业生,1942 年在哈尔滨南岗开创陈业生服装店(后易名新生利服装店),曾被评为哈尔滨商业系统劳模。

陈氏还有另外两个裁缝世家:陈清瑞,陈清裕,陈清标兄弟 3 人,1920 年起,在长春闹市区的二马路开创了三益洋服店,是长春市第一家西服店。三兄弟对西服业锲而不舍,齐心协力创品牌,敢与日商竞争,抗日战争爆发后回乡。陈顺来,1910 年与同乡到俄国学做西服,先在宁波人开设的洋服店打工。1925 年,与同乡董荣全合资在哈尔滨道外开创义昌西服店,后自立门户,开办全记西服店。其子陈宗瑜北上后,承接父业。1946 年哈尔滨解放,陈宗瑜接班当义昌经理,并被推选为市缝纫业同业公会主任委员,曾组织同业做了大批军服,支援解放战争。1957 年起当选市政协委员、常委,为哈尔滨市服装业的发展做出了重要贡献。

李氏红帮世家,也颇负盛名。李玉堂 1906 年曾在北京王府井大街开办新记行,经多年苦心经营办成名店,曾为末代皇帝溥仪、燕京大学校长司徒雷登做过西服,颇受赞誉;其子秉德擅长英美派西服,其孙世杰的新丰行曾是红极一时的西服名店。李世杰的弟弟世源从事西服业也有近半个世纪。

挂一漏万,红帮第一村及其邻村的红帮前辈和红帮人士是不胜枚举的。

据零星统计,1867 年在日本的华人(有一些是随外国人去的)已有几百人,大多以"三把刀"(缝纫刀、理发刀、厨刀)为业,多数是浙江、江苏、江西人,浙江人中又以宁波人居多,宁波人中又以裁缝居多。1899 年 8 月成立过商业会所,1900 年 5 月成立过三江同乡会会所,鄞县孔方生等曾被选为会所领导人。到 20 世纪 80 年代开始进行红帮调研时,"红帮第一村"家庭中有人外出从事现代服装业的,已占总户数的 90%。毗邻的奉化县,至 20 世纪 40 年代,仅在上海开办的西服店就有 130 多家。

从上述概略的叙述中我们可注意到,中国红帮第一村的意义,绝不仅仅在于这个村外出闯世界的人起步早、人数多、发迹快,更重要的在于,他们在中国社会历史大转型的关键时期,以他们的生动实践,启迪、改变了农民固有的"穷家难舍,熟土难离"的传统观念,让人们看到,外边的世界很大很大,从而决心离开"穷家",走向城市,学习技艺,发家致富,开创事业。从这个意义上看,红帮第一村的重要意义在于:他们在封闭、落后、贫困的农村中点燃了一个火种,为乡亲们照亮了一条新的农村发展之路;使他们产生新的思维方式、新的生活理想。

二、张氏裁缝世家

在 20 世纪出版、发表的一些著述中,出现了称张尚义为"红帮祖师爷""红帮鼻祖"的说法,实际上,张尚义就是红帮的"老爸"——父辈吧。

据民国二十年(1931)重修的《东张张氏宗谱》记载,张尚义祖籍河南,先祖张次宗于唐末迁居鄞县,也是避北方之乱而逃亡江南的。据《东张张氏宗谱》,张氏辈分排列为:"高、尚、有、方、师、维……"张尚义生于乾隆三十八年(1773),卒于道光十二年(1832),生 3 子有松、有木、有梅,当地人称"福、禄、寿三房"。张有松生于嘉庆八年(1803),卒于光绪元年(1875),生 4 子方朝、方芝、方昌、方城。方城生于道光二十六年(1846),卒于光绪三十年(1904)。方城有子师言(1879—1909),师言生 5 子维春、维时、维梁、维数、维妙。这是张尚义 5 代的嫡传关系。1991 年宁波市和鄞县的服装工业公司等 5 个单位联合调查,这几代人大多从事裁缝业,张氏成为第一个裁缝世家。

张家居住的孙张漕村是一个小村,只有 20 来户人家。两姓祖祖辈辈均以务农为生。由于"人稠地狭",加上原本土质不好,常受卤潮侵蚀,水利失修,常有倒灌成涝之虞,仅靠农耕,已经难以维持生计。于是张尚义又学了本帮裁缝手艺,农闲时为人缝衣赚钱补贴家用。但穷乡僻壤之间,要做新衣服的人并不多,迫不得已,他又到渔船上帮厨。据村里人传说:在一次出海打鱼时遇上了海难,他们的船漂流到了日本横滨港附近,他被日本人救护上岸,成了难民,在那里学做西服等。这些只是乡间传闻。从现在已知的史料看,这些传说与当时日本关于外国人居留权的规定、与横滨港开发史、西服东传史以及张尚义父子的年龄都是不相符的,作为史料采访的一条线索是可以的,但是在研究著作中,这是不能采信、作为论据使用的。

红帮发展史纲要

(一)张有松及其子孙

张有松,是张尚义的长子。他和堂兄弟有福以及他们的子孙,曾在横滨和上海等城市从事现代服装业,他们都是红帮群体早期的创业元勋(见图 2)。

图 2　张氏裁缝家族

据 1921 年《上海总商会月刊》和旅日华侨近年来提供的资料看,张尚义之子有松、侄子有福早年曾在横滨开办西服店。

20 世纪 80 年代从横滨回宁波定居的老华侨张师贤1991 年 1 月、8 月接受采访时说:他少年时曾在横滨张有松的西服店工作过,也谈到张有福的西服店。又据胡贤齐老人回忆:1931年他由宁波启程经上海去日本东京,曾在张有福的服装店工作过;张有福曾在横滨开办过公兴昌洋服店,当时张有福50多岁。另据1943年《上海市西服业同业公会调查表》记载:张有福,63岁,在静安寺路851号开办过有义西服店。综合上述材料看,张有松兄弟在横滨从事西服业是可信的。但是,这些前贤的往事已经历100多年,又在异国他乡,又没有人为他们写实录、传记,他们的事迹中很多具体时间、地点、事件,都是难以详述的,张师贤老人接受采访时也有一些事情未说清楚,而且有些讹误。

张氏裁缝家族从事现代服装业是上海、横滨开港开始的。

1853年美国海军首先发现横滨是一个深水良港,遂强迫日本开港,其后大批西方军政人员、工商业者等陆续涌向横滨,他们衣食住行的需求,促使当地近现代服装业迅速发展。明治天皇即位后,实行"王政复古",宣布废除幕府,成立统一的新中央政府,采取《易经·说卦》中的"圣人南面而听天下,向明而治"后边一句,改元"明治",建立"神权的、家长式的立宪政体"。国号虽然取自《易经》,但是他们并没有走中国式道路,国民生活实行全盘西化,改制政令一个接一个地迅速颁布。尤其是服饰改制,由天皇、首相、大臣带头,强令推行,几乎达到了疯癫的地步。然而,1000多年来,日本人的服饰基本上是学中国的,直到明末清初,朱舜水流亡日本后,日本水户藩主德川光国还特聘他为"国师",由他教日本人如何裁剪缝制典型的汉族服装。突然要求全日本人都改穿西服,缺少西式裁缝就成了大问题。这就给中国裁缝提供了难得的机遇。广州、上海、宁波等沿海沿江城市的裁缝纷纷去日本打工、学习、考察。这些人中间,就有鄞县孙张漕村的张氏、陈氏、孙氏裁缝。

张师贤说,1916年他到张有松服装店当学徒时,店里的员工已有100多人。这在当时的横滨已经是相当大的服装企业了。但是张有松已于1875年去世,张师贤所说的有100多个职工的同义昌应该是张有松的儿子方城、孙子师月等继承、经营的。

张师月后来曾在东京开办东昌西服店,和他在横滨开的同义和一样,经营范围有所拓展,不但经营服装,还兼营呢绒。

张师贤曾在横滨开办胜利西服店,和他的兄长师月一样,也向东京拓展了,在那里开办了培蒙西服店,也上规模,兼营呢绒,不再向外边的商店购买面料了。横滨到东京只有30余公里,他们兄弟兼顾两地生意是不成问题的。

张氏的第5代人"维"字辈,仍有人承传祖业,成功经营西装。他们构成了一个裁缝家族,他们不但将祖业继承下来,乐此不疲,而且以经营此业为荣。1920年前后,张方城之子曾回孙张漕村,并带来缝纫机,捐赠给故里乡亲。1975年夏,张氏维字辈又曾有人回故里寻根祭祖。张方广之女张惠龄也曾于2001年2月回乡,为父母之邦的基本建设捐资。可见他们对祖先是深怀敬意的,也表明,张氏子孙不但有"四海为家,衣被天下苍生"的广阔胸襟,而且有代代传承的浓浓的桑梓情、祖国情。

除了他们事业上的成功和故国情怀之外,他们对祖国服装业、红帮形成和发展做出的贡献,也是值得记述的。他们在服装店中积极招聘鄞县、奉化、镇海的宁波老乡入店工作,为他们开拓事业提供支援。张有福在东京开办的福元呢绒罗纱店员工,有8名是宁波老乡。更值得注意的是,张有松、张有福、张方城等都曾回上海开办多处服装店,成为红帮裁缝群体的第一、二代人,为红帮群体的产生、发展做出了贡献,也为上海发展成红帮的创业基地和向外拓展的大本营做出了他们的贡献。

(二)张方广及其子孙

张方广(见图3)是张有宪之子。在横滨服装界、华侨界,影响最大的当首推张方广先生。可以说,他是一个为张氏裁缝家族光宗耀祖的人物,是宁波近现代服装史上一个值得记述的人物。

张有宪是张有松的堂兄弟,于清光绪三十一年(1905)去横滨经商。1909年6月2日,张方广在横滨市中区山下町出生,小学、中学均就读于当地学校。1923年关东大地震,横滨遭到毁灭性打击,华侨损失极为惨重,幸存的张方广随父亲回到上海,继续未竟之中学学业。1926年春返回日本就读于日本高等学校,之后考取横滨专门学校(后改建为神奈川大学)。毕业后在横滨市中区山下町七十三番地开办汤姆森商号,经营西服业。由于张方广身怀高超服装技艺,加上他待客热忱、诚恳,经营有方,生意日益兴隆。

图3　张方广

1894年甲午战争清朝惨败,华侨在日本受尽屈辱。1945年,日本侵华战争失败,日本天皇宣布无条件投降。抗日战争胜利了,深藏于华侨内心的爱国深情得以伸展。张方广除了从事服装业生产、经营外,还热忱参与华侨的各种活动,曾有"华侨社会活字典"之称。1946年当选横滨华侨总会副会长,同时担任京滨三江公所会长。次年华侨总会会长请辞,德高望重的张方广被选为会长。1948年张方广请辞,但仍然任常务理事,负责多方面的侨务工作。70岁以后,又担任多届顾问(至第24届),虽然年事已高,但在侨界有求必应,事事努力垂范,因之声望极高。直到1995年无疾而终,享年八十有七。

张方广生有3男4女,子女均受到良好教育,颇具父亲风范。其子师捷、师振都曾多次被选为横滨华侨总会理事或常务理事。三子肇扬继承父亲的事业。次女惠龄曾于21世纪初回到故乡慷慨捐资,赞助故乡的基本建设事业。

王良主编的《横滨华侨志》第10篇《侨界先进》有《张方广先生简传》。日本《银花》杂志曾刊发《华侨三把刀》《"我缝的衣服能穿几代"》访张方广专文(前一篇似乎是作为后一篇访问记的背景而编排的)。现综述如下:

人们常说:"有太阳和水的地方就有华侨。"想改变生存状态、到海外闯一闯的一些中国人,最初是作为欧美人的仆人来到横滨的。他们不受清朝的保护(清廷认为他们背叛了国家),所以他们只能靠自己的努力，白手起家。华侨的"白手"最早握住的是缝纫刀（含裁布刀和剪刀）、理发刀、厨刀。当时的横滨，将这3种需要把智慧和力气用在刀刃上的行业从业人员统称为"三把刀"。现在（指1980年），在日本的华侨，大多出身于"三把刀"。在横滨中华街上，终身使用一把刀不放手的老华侨还有健在的。

在"三把刀"中，有一位"白手"握剪刀的老华侨张方广。

张方广的父亲张有宪先生出生于离上海很近的浙江宁波，光绪三十一年（1905）来横滨。张有宪曾在故乡开过西服店，他裁剪缝制西服的技艺是在上海学习的。张有宪到横滨的时候，洋服店的顾客主要是洋人、外事人员、政治家以及工作中需要穿洋服的日本"上流社会"的人士。

张方广18岁开始在父亲店里帮忙、学艺，先学针缝一年，然后学假缝，再学机缝；先从简单的裤子做起，然后学做坎肩、礼服、外套，难度逐步加大。这表明张方广初学就很扎实，循序而进，逐步深入。这对他以后的发展至关重要。后来从业时，"他一眼就能看出人（顾客）的身体特征，肩宽以及手臂长短粗细，每个人左右都不同，方广先生能觉察出细微的不同处……甚至有些客人都不需要量体，方广先生就能目测出他们的身体尺寸。方广先生用目测得到的数据直接用于裁衣，他很自信。方广先生做好的西服，只要人的体型不发生变化，就能穿一辈子。"所以，顾客对张方广说："您做的西服是艺术品。"张方广做的服装价格比较高，但是穿5年之后就见分晓了，价格高得值！

张方广父子在横滨创业的道路是艰难的。1923年9月1日关东地区发生大地震，横滨几乎全部被摧毁了。万幸的是张方广一家都保住了性命。他们和幸存的中国同胞一起乘船回国。两三个月后，张方广的父亲便又回到横滨，在一片废墟中重整旗鼓。第二次世界大战中，日本当局对中国人防范极严，他们以

"断绝间谍活动"为口实,规定中国人不能出海,不能上山,上街也要被警察盘查,要出示"通行证"。太平洋战争爆发后,美国飞机、军舰又一次摧毁了横滨,张方广家的服装店也毁于美国炮弹,他们不得不再次重建家园。第二次世界大战中,日本人的精神和物质全部被摧毁了,美国的麦克阿瑟将军曾经说过:第二次世界大战后日本人的"精神年龄是 12 岁"。物资极度匮乏,民众很少有人做新服装。但是,张氏父子的"汤姆森"服装店仍有顾客光照。其中,有留驻横滨的美国军人,他们来名店"汤姆森"定制服、私服;也有日本的官员、财经界人士,其中有一些是老客户,他们一直和"汤姆森"保持密切关系,有很多顾客父子两代人的衣服都是在"汤姆森"定做的。他们的这种关系已经超越了客人与店家的关系。有很多老顾客就好像张氏父子的亲戚一样。张方广说:"我珍惜客人,客人也珍惜我。"张先生的服装店一直保持着这种商业链的形式。也可以说,张氏父子是把中国工商业界的优良传统、红帮精神在异国的城市发扬光大了。也许,这也正是他们能够白手起家、一再度过大难,成为职场成功者的原因吧?

关于张方广的 3 个儿子,他们在华侨界均相当有地位。张方广作为一个服装界名家,并不强求儿子继承自己的事业。他认为:自己不喜爱的事情是做不好的。大儿子师捷、三儿子肇扬都是服装界的成功人士,二儿子师振则是出色的建筑家。3 个儿子的名字中,都有一个字是提手旁的。这是张有宪、张方广在人生中得到的真谛:用自己的双手支撑生活,开拓事业,开拓人生!

三、结　语

张氏第一、二代人,是为中国现代服装创业群体——红帮的产生、发展做出了贡献的。张有松、张方广之后 3 代人,有的取得专科学历之后,并没有放弃祖创的现代裁缝业,另立门庭,而是矢志不移,继续在服装事业中做出贡献,在横滨和东京华侨中颇有声望。他们和其他爱国企业家、华侨一样,除了本身的事业之外,热忱爱国、爱乡,参与捐资办学、赈灾济困、扶危救难等各项事业,因而颇享盛誉。张方广谢任横滨华侨总会会长、京滨三江公所会长后,又被聘为华侨总会、横滨中华学院顾问等荣誉职务。虽然他们几代人的事业进展以及其他活动的具体情况不尽相同,但称他们为第一红帮裁缝世家,应该是合适的。

当然,除了张氏,还有孙张漕村及其附近乡村的孙氏、周氏、陈氏以及奉化县江口镇、王溆浦村的江氏、王氏等,都是早期的红帮裁缝世家,也是中国现代服装业的开创者,他们家族的几代人中,都有红帮创业元勋、功臣。

必须充分评价这些红帮裁缝世家。他们的家族在创业之初,中国还处于封建社会漫漫长夜的末端,"夷之初旦,明而未融"(黄宗羲语),裁缝还是"下九流""小字辈"的行业。但他们却在"工商皆本"新思想的启发下,在"诸业并举""职业平等"新价值观的策励下,选择了裁缝业,而且代代相传,坚定不移,乐此不倦。

家庭是社会的细胞。在中国社会历史彻底更张易辙、服饰制度彻底大转变的历史关头,张氏等裁缝家族中的人们自觉或不自觉地举起了革故鼎新的旗帜,投身于服制大变革。在黎明前的黑暗中,他们的行动也许只是星星之火,但他们划破了沉沉夜空,犹如火炬一样放射着耀眼的光焰,使农民兄弟们从沉睡中惊起,看到了光明,产生了开辟新人生道路、追求新生活境界的信心。如果说张氏红帮家族是"领唱"的一支火炬的话,那么姜山镇继起的那些红帮家族,奉化江两岸、宁波地区乃至浙东地区迅速跟起的那许许多多裁缝家族,便都是"万人合唱者"了。他们举起红帮的旗号,北上,南下,东进,西征,把红帮的火炬在中国大地上点起来,形成燎原之势,成就了红帮红遍天下的理想。他们的历史功绩岂容小觑!

我们应当从各个层面上,全面地、历史地评述他们。

我们应当为他们树碑立传。

【主要参考文献】

[1]宁波市、鄞县、奉化县有关部门和宁波服装博物馆自 20 世纪 80 年代起有关红帮的调查资料;2001 年以来陈万丰、季学源等参与《红帮服装史》写作的学者有关红帮调查的研究手记;宁波服装博物馆各展厅展示的图片、实物和说明文字。

[2]民国《夏口县志》《鄞县通志》。

[3]民国《东张张氏宗谱》。

[4]季学源、陈万丰主编:《红帮服装史》,宁波出版社 2003 年版。

[5]宁波市政协文史委编:《宁波帮与中国近现代服装业》,中国文史出版社 2005 年版。

[6]陈万丰编:《创业者的足迹》,宁波服装博物馆 2003 年 9 月编印。

[7]2001 年以来浙江纺织服装职业技术学院学报中发表的有关文章和资料。

[8]王良主编:《横滨华侨志》,横滨财团法人中华会馆 1995 年出版发行。

[9]吕国荣主编:《宁波服装史话》,宁波出版社 1997 年版。

[10]浙江纺织服装职业技术学院学报编辑部编:《季学源红帮文化研究文存》,浙江大学出版社 2013 年版。

红帮名人名店传略

红帮元老——江良通及其裁缝世家

陈黎明

20 世纪初，一些经济比较发达的沿海城市出现一股"西服热"。当时，奉化江口的王溆浦、前江、南渡一带以裁缝营生者居多。这些"本邦裁缝"（中式裁缝）主要做长袍、马褂、对襟衣，多在本地上门服务，给富家子弟缝制服装，也给穷人缝缝补补，以技艺精湛著称。他们为适应西服渐行的潮流，纷纷改弦易辙，研习西服工艺，从做中装改为做西装。一些在国外学习裁缝手艺的年轻人，回国后相继在上海、哈尔滨等城市创业。起初那些"群出卖艺以缝衣营生者"，或三五成群，或单门独户，带着剪刀、市尺、熨斗、针线，为人缝制衣服。他们没有工场，没有店面，靠上门兜生意，全部家当包在一块布里，所以被人称做"包袱裁缝"。随着生意逐渐兴旺，一些裁缝师傅开始开店经营。店中职员多为家乡子弟，互相提携，尽心培植，优秀者别树一帜，分业自立。至 1950 年 10 月，奉化人在上海开西服店的有 113 家。奉化裁缝不仅数量多，而且手艺高，名气大，制作的服装款式讲究、品质优良，成为上海"红帮裁缝"中坚力量。他们改变了过去中国人长袍马褂的着装传统，开创了中国近代服装变革的先河。其中代表人物之一便是江良通，他开设的和昌号是国人最早开设的西服店之一，他也是奉化人在上海最早开设服装店的裁缝师傅之一。

一、穷则思变,东渡学艺

江良通,字仕有,于清同治十一年(1872)出生在奉化江口(新中国成立前为前江乡,现为街道)一个叫前江村的小村庄。

前江村位于江口街道东北部,地处宁奉平原,奉化三大江河中的县江与剡江从村的东西两边蜿蜒向北流去,汇集于江口北端的三江口。这里田连阡陌,江河交叉,水网密布,土地肥沃,是鱼米之乡,新中国成立初曾是前江乡政府所在地。前江村所在区域虽是重要产粮区,但是地势平坦,水灾不断,加之人多地少,务农收入低微,当地农民生活困苦。在务农收入无法维持生计的情况下,一些村民以做裁缝谋生。

在清末民初,前江村只是一个百来户人家的小村,村民大多姓江。据《棠溪江氏宗谱》(1920年版)记载:前江村江氏于清朝中叶从原棠云乡(今属萧王庙街道)江氏家族迁徙出来。江良通家世代务农,祖辈没有手艺,仅靠种田谋生。其父亲第30世忠悫公是一个典型的中国式农民,老实本分,生有两子,长子江良通,次子江良达。江良通育有辅银、辅臣两子。在封建时代,江良通一家仅靠租赁几亩田,自然难以维持生活。自小头脑活络的江良通不甘心一辈子面朝黄土背朝天,重复祖辈的生活,一心想着要外出闯荡。当时,与江口隔江相望的鄞县姜山镇有张姓人家在日本从事西服业,江口的王溆浦村一带也有人在日本做服装手艺。江良通决意要去日本闯荡,于是兄弟俩合计后一起到日本学习西装手艺。

19世纪80年代末,日本明治维新后,年轻的江氏兄弟坐着夜航船,沿着剡江,来到宁波,又坐船到上海,从上海到日本横滨。江良通来到横滨后,找到早在那里从事西服业的宁波老乡学习手艺。从时间上看,江良通兄弟的师傅最有可能是张尚义之子张有松的后代,他们在这些人开的店铺里当学徒。

学徒工生活非常辛苦,但是,内心深处的一种创业拼搏精神和贫农子弟吃苦耐劳的品质促使江良通坚持下来。他是一个有心人,在学艺过程中,时时留意师傅的经营方式。他一直憧憬着能在家乡开一家属于自己的西服店。他相信那么大的中国,有那么多洋人,他们肯定需要穿西服,更相信自己有能力用所学的手艺创造财富,这是他外出闯荡的初衷和动力。

二、学成回国,上海创业

江良通兄弟学成回国,他们决定到上海去。那里是最理想的创业之地。一方面,在上海便于经营生意。19世纪末,作为五个通商口岸之一的上海已成为远东乃至世界的大都市,外国列强盘踞,使馆、商埠、洋行、办事处等到处都是,惯穿西服的洋人大量集聚。而那些受西方文化思想影响,着西服的国人也越来越多,因此顾客众多。此外,当时的上海有从日本学艺回国的宁波西服裁缝,也有"本帮裁缝"(以宁波奉化人居多,故称"奉帮裁缝"),他们形成一个庞大的行业群体,西服市场日益成熟。另一方面,上海与宁波在地理位置上相距较近,水陆交通便捷,且同为吴语方言区,两地文化观念和生活习惯差异较小。中国传统文化孕育下的农民,乡土观念重,虽为生计所迫离乡背井,还是有浓浓的家乡情结。宁波人在上海做生意,一旦家乡有事或思念家人的时候,回乡一趟也比较方便。

来自于农村的商人虽然缺乏精于算计的生意才干,但是大都具有吃苦耐劳、诚实厚道的品质,那些品质足以使他们在生意场上牢牢守住阵脚,而且对财富的渴求使得他们具有强烈的发展愿望,促使他们不断谋求发展。江氏兄弟初到上海时,他们露宿街头,每天肩背包袱,起早摸黑,走街串巷,上门为客户量身定做西服。生意清淡时在马路旁、小巷口摆摆地摊,有时还要乘小舢板到外国轮船上兜揽生意,辛苦不说,还要时时遭受冷眼黑脸。尽管如此,他们还是用心做西服,服务周到,做工精良,深受顾客好评。一些老板常常慕名请他们上门去做衣,兄弟俩便拎着包袱应邀上门,在堂屋中央搁一块长板,将衣料摊在上面剪裁,一个飞针走线,一个熨烫锁眼。一住十天半月,在这段时间里将主人家一家老小春夏秋冬四季衣服全部做好。

江良通的手艺好,名声不胫而走,找他做衣服的人越来越多。随着手艺的日臻纯熟和资本的不断积累,他决定自己开一家西服店。

清光绪二十二年(1896),兄弟俩在北四川路(1946年更名为四川北路)8号开设西服店,取名"和昌号",为上海早期西服店之一。中国人取名向来颇有讲究,在名称中寄予心愿和祝颂,寓意大多是"吉祥如意""繁荣昌盛"之类。江良通给店取名也如此,"和"有"祥和、和乐"之意,"昌"有"兴盛、繁荣"之意,先"和"后"昌",反映出江良通创业理念中"以和为本、和气生财"的意识,人"和"才能业"昌"。

和昌号所在的北四川路是一条历史悠久的商业街。早在清光绪三年(1877),租界当局便开始修筑此路。北四川路南枕苏州河,紧靠黄浦江,水运条件十分优越,既是通往世界的水上门户,又是沿海、长江、内河航运的枢纽;西邻当时上海的陆上大门北火车站;可谓水陆交通便捷。因地理位置优越,客流量大,商贩云集,商店鳞次栉比,逐渐形成上海商业中心。20世纪30年代初出版的《上海风土杂记》中有这样的描述:(自老靶子路以北起)跳舞场、影戏院、菜馆、茶楼、妓院、浴室、美容院、按摩院星罗棋布。全上海除南京路、福州路以外,以北四川路最为繁盛,车辆、行人日夕拥挤……

江氏兄弟在北四川路开店经营西服生意,一方面服务周到,诚实守信;另一方面精益求精,大胆创新。勇于进取、不断创新是红帮裁缝所具备的重要品质,江良通在西服领域敢于领时代潮流,开风气之先,大胆制作西服。当时在上海的洋人国籍、肤色、体态多种多样,因此西服流派也多样,有罗宋派、欧美派、日本派、犹太派等。江良通博采众长、兼收并蓄,依照不同洋人的体型和审美爱好制作西服。其所制作的海派西服肩胛薄、腰身直、轻便、挺拔,深受各国洋人喜爱,成为奉化三支红帮裁缝之一(一支是以王睿谟为代表的江口王溆浦村王氏一脉,一支是以顾龙海为代表的西坞镇顾家畈村顾氏一脉)。

随着财富的日益增多,江良通对西服业前景信心倍增,大有一展宏图之意。他想起在家乡,不少乡亲为了养家糊口,都学过裁缝手艺。据资料统计,1915年,奉化全县从事成衣业的有两三千人,后陆续向外发展,至1936年,在县内做服装的有924人。江良通决定到家乡去物色服装工,带那些会裁缝手艺的亲友出来,一起把西服店做大!这个决定很是明智,一则,家乡亲友容易沟通和管理;二则,起用熟练工可以节省培训成本,提高制衣效率。其实,当时上海的一些"红帮裁缝"店铺都有这样的惯例,以血缘、地缘为纽带,招收同乡同族人为职工或徒弟,比如王才运的荣昌祥呢绒西服号,100余职工中有不少是奉化本地人。

江良通招收的人大多来自家乡前江村,且都有点沾亲带故。他深知"功以才成、业由才广"的道理,不管亲与不亲,同等对待,从严管教。所有学徒,都要到工场实习一段时间,在学会服装结构、裁剪技术和缝纫手艺后,再视其品行和特长量才选用,有的到柜铺当伙计,有的到工场做技工。在工场做工,还要再拜师,按制衣工序,一道一道学艺。到柜铺工作,必须学会量身、算账、接待等本事。

随着店铺规模的扩大和店员人数的增加,原有的小店铺已经不能适应。而要在北四川路找到更好更大的店铺却很不容易。江良通经过考察后,决定把西服店搬迁到静安寺路407号(今南京西路)。静安寺路于清同治元年(1862)由英租界当局越界修筑,亦称涌泉路。光绪二十五年(1899),静安寺路划入公共租界,商店相继出现。江良通应该是在此间迁店落户,属于静安寺路上较早的一批商家之一。一份"和昌号""上海市西服业同业公会整理委员会会员登记证"的登记信息显示:位于"静安寺路407号"的"和昌号",当时的经理已是"江辅臣",资本为"六百万元",职员"9人",职工"3人",登记年月为"三十四年十一月十八日"。是年,江辅臣47岁。从此份原始档案看,当时的和昌号已经是有所衰微的了。民国三十四年(1945),正是抗战刚刚结束的时候,经过战乱动荡的店铺,还能保留一定的经营能力实是难能可贵。

其实,19世纪末20世纪初,和昌号是以技工多、技艺好而著称于沪的。当时的和昌号已经初具规模,一楼前半间为铺面,用于与客户谈生意、算账交付;后半间为成衣库和量身定衣之处。二楼是工场间,辟有裁剪间、熨烫间和配料间;另有阁楼供店员住宿。光绪三十四年(1908),英商开辟有轨电车线路从静安寺经外滩,折向北四川路直至虹口公园(今鲁迅公园)。电车开通,交通便捷,因此静安寺路人气日旺,店铺日增,商业、娱乐业迅速发展起来。江良通的和昌号在当时处于兴盛发展阶段。

红帮裁缝中无论是张尚义家族还是上海的江良通、王才运家族,他们的事业之所以能兴旺发达,其原因不外乎"天时、地利、人和"。天时——近代中国出现通商口岸,洋人云集,西风东渐,中国流行西服是时代发展的必然产物;地利——上海、青岛、大连等地濒临海港,交通发达,经济繁荣,给西服业发展提供了肥沃的土壤;人和——一方面,随着西服的流行,其已有成千上万的受众,另一方面,从事西服业的多数是社会底层出身的农民,他们既有劳动人民吃苦耐劳、诚实守信等优良品质,又有生意人敢拼敢闯的冒险精神,他们在生意场上无往而不利。

三、子承父业,生意兴旺

裁缝在封建社会一直被视为鄙陋薄技,为富贵者所不屑。穷苦农家子弟因为生活无着不得已才去学裁缝手艺。裁缝虽是社会底层的一种职业,但好歹也是谋生之道,俗语说得好,"积财万千,不如一技在身",江良通当属此种情况。

江良通虽然是商人,但本质上是一个农民。他从农村走向城市,通过努力积累了一定财富,在城市站住脚跟之后,他十分渴求文化素养和社会地位,在他内心深处掩藏着一种深刻的自卑感。没有资料显示江良通受过正规学校教育,估计是家境贫寒未能接受教育,这使得他在学艺和创业阶段吃尽了苦头。

江良通认识到自身在文化修养方面的缺陷,也认识到要发展事业,必须让后辈继承自己的事业,这种认识是刻骨铭心的。因此他很注重培养孩子,愿意花费辛苦赚来的钱供孩子去读书,而且是读洋学堂。他把希望寄托于后辈,希望通过后辈读书和创业在社会上谋得一席地位。

图 1　江辅臣

江辅臣(见图1)是江良通的第二个儿子，在上海长大，自小聪慧好学。他高中毕业后，被父亲送到一所法国教会学校——圣芳济学院读书。圣芳济学院创办于清同治十三年(1874)，1880年吸收部分中国学生读书。1889年，迁址到虹口南浔路新校舍。1901年，学院正式设立中国部。江辅臣就读圣芳济学院的确切时间不很清楚。从"上海市西服业同业公会整理委员会会员登记证"上记载情况推算，应该是在1915年前后。

圣芳济教会学校对学生要求比较严格，规定学生进校一年以后一律不能用汉语交流会话，只能用英语沟通。这种硬性规定使得中国学生英语水平提高很快。江辅臣毕业的时候，英语已经讲得十分流利，这为他以后与外国人做生意打交道打下了扎实的基础。

江辅臣从圣芳济学院毕业后，其父即让他继承自己的家业，担任和昌号西服店经理。老一辈西服裁缝大多不懂英文，与洋人沟通有语言障碍，接受过西方文化熏陶的江辅臣能讲一口流利英语，在和外国人做生意时得心应手。那时候的静安寺路尚属于英租界，江辅臣西装革履，仪态潇洒，用英语与上流社会的洋人交谈，很快打开了局面。不久就包揽了英租界工部局的员工制服和下属巡捕房的制服定做生意，还包括帽子、皮鞋、警棍等附属用品。定制生意不但量大，而且年年定期更换，给和昌号带来滚滚财源。

江辅臣接手和昌号后，既善于经营管理又乐于扶植同乡同业，因此在业界有很高的公认度。1937年，他被公推为"上海市西服业同业公会"理事长，此后连任三届。担任理事长期间，他经常四处奔波，维护同业利益，为红帮裁缝在上海的形成和发展倾注了大量心血，是早期红帮裁缝的创业功臣。

和昌号在江辅臣经营之下生意更加红火。20世纪40年代，呢绒西服大兴。1942年，江辅臣把"和昌号"改成"和昌呢绒号"，由自己和江辅仁任经理。全店从业人员 11 人,其中技工 7 人。呢绒业发轫于清同治年间,最初由西洋侨民来华时带来。20 世纪初,呢绒业开始兴起。但是在上海,因市民生活水平低下,呢绒生意清淡。外商开设的呢绒店少有本地人问津。随着中国毛纺织业的逐渐发展以及大量洋呢绒的涌入,到 30 年代,呢绒服装生产进入旺盛期,上海成立呢绒商业同业公会。30 年代末,上海呢绒业商店已有近 50 家。当时上海的西服业从业人员以宁波红帮为主。1931 年到 1941 年的 10 年间,呢绒同业公会有 163 户会员商店,其中宁波人有 97 家,占 59.5％。南京路上的红帮西服店荣昌祥、裕昌祥、王兴昌等都兼营呢绒,挂起呢绒西服号的招牌。江辅臣改店名为"和昌呢绒号",制作销售呢绒服装,可谓紧跟潮流,顺应时势。

江辅臣也像父亲一样,从家乡招收职员。在这些学徒中,后来比较出名的有江辅丰。江辅丰 1933 年 10 月生于上海,五六岁时父亲病故,家道中落,母亲带着一家人从上海回到家乡。回乡后,江辅丰就读于锦沙学校。1948 年秋,年仅 14 岁、还在读书的江辅丰被江辅臣选中,到上海西服店当学徒,并拜江辅臣为师。江辅丰与江辅臣同辈,都属"辅"字辈,但是年龄相差整整一代。新中国成立后江辅丰一直从事服装行业。1956 年,上海实行公私合营,江辅丰在和昌号所在地段担任组联会主任一职,后被上级抽调到公司合营的工作机构。公私合营结束后,上海新城区服装公司任命江辅丰为培罗蒙西服店的公方经理。改革开放后,江辅丰一直担任西服店的党支部书记或经理,为上海现代服装业繁荣做出了一定贡献。

1945 年 10 月,江辅臣奉上海市社会局命令,与夏筱卿、唐琼相一起成为西服业整理委员,整顿上海西服业。1954 年起,和昌号一直替上海友谊商店承担来料加工和定制西服业务。公私合营后,和昌号整个店号和全体员工并入上海友谊商店,江辅臣退休。

四、情系家乡,造福后人

江良通家族的财富累积到足够多的时候,他们对金钱的观念逐渐发生改变,希望利用财富去体现自身的社会价值和社会地位,首选的途径就是购置不动产,既有炫富的念头,也有光宗耀祖之意。

经过十多年的努力,江良通财力雄厚。他在上海长乐路、浙江莫干山等地购置了好几处住宅,又在家乡建造了花园式洋房。家乡的小洋楼建于1934年,取名"守拙庐"。"守拙"一词出自晋代诗人陶渊明的《归园田居》:"开荒南野际,守拙归园田。"陶渊明诗中"守拙"似有"自诩清高,不做官,清贫自守"之意。不过,在江良通心中,则应该是"安于愚拙,不学巧诈,不争名利",这是一种低调的处世策略。"守拙庐"是一栋独立的中西合璧的小洋楼。小洋楼大门朝东,梅园石门楣上镌刻的"守拙庐"3字为金峰山人所书。洋楼分2层,用清水砖叠筑,墙上有铁格花窗加固的玻璃木窗,庭院墙上还留有一小部分彩色壁画,门厅外是罗马式柱头,室内有壁炉、浴室,外墙和室内装饰依旧,体现出海派风格。小洋楼至今还保存完好,成为前江村独特而有文化价值的古建筑。

红帮发展史纲要

从农村走向都市,城市的繁荣并没有使江良通迷失方向,忘记根本,而是反哺故里,造福桑梓。民国十二年(1923),江良通兄弟带头捐资16000元,在家乡发起建造了一所完全小学——锦沙小学;另助田123亩,每年的田租收入全部用于学校各项开支,校舍、设施、教职员工工资以及其他日常开支都得到了保障。

校舍为走马楼式,2层,23间,另有会议室和600多平方米的操场。校长是周孝成,早年曾加入同盟会。锦沙小学时设3班,学生130人,在当时是奉化校舍完备、设施齐全、师资强大的小学之一。学校规定凡前江村儿童均可免费入学,读完高小者奖20元。当时县政府还赠送过"乐育英才"和"陶铸后进"两块木匾。江氏兄弟也因捐资兴学受到地方政府褒奖。如今仍有锦沙小学助碑(现保存于原前江小学教学楼内)可印证这段历史:"前江私立完全小学命曰锦沙,民国八年(1919),由良通、良达二昆仲创议,邀同乡族人□之□友等向族内劝捐,而己则独出巨款,筑校舍,置地产,完成美事。办法遵照□六级,采用复式制。经费一节,每年由董事公议,量入为出,并逐年留积几许,以备不时之需。特此勒石,以保永远",

下面列有助户名单。锦沙小学现尚留有旧址。旧校门上有"唯善为宝"4字,似为学校倡导的教育主旨。

除了建造锦沙小学之外,江良通还为家乡做了不少好事,比如建凉亭,造桥梁,设立义庄,添置消防水龙等。民国八年(1919),奉化遭遇自然灾害,江氏兄弟还带头捐款赈灾。乡人亲切地称他们为"和昌老板"。

五、教研结合,代代传承

红帮裁缝的兴衰受到时代发展的影响。抗战时期,上海被日军侵占后,西服业受到重大打击。抗战胜利后,有所恢复,但接下去又是三年内战。新中国成立后,20世纪50年代初,西服业再次兴旺,1950年,上海西服店有700多家,其中宁波人开的有420家。此后的60年代,因体制多变,生产发展缓慢,特别是三年困难时期,提倡艰苦朴素,服装业受到影响。

党的十一届三中全会以后,中国进入改革开放新时期,百业俱兴,人民的生活水平和质量大幅提高。同时提倡解放思想,人们的审美观念有较大改变,过去被视为"资产阶级穿的西服"进入千家万户,被大众接受,服装业渐现勃勃生机。一些老一辈红帮裁缝师傅开始有了用武之地,他们在服装行业发挥余热,利用自己丰富的实践经验,传授高超的制衣技艺,有的开设服装培训班,为服装厂输送熟练的服装工,有的被服装学校聘用为教师,在科教一线大显身手。江氏家族的后人江继明是其中最为出色的代表人物。他以自己长期积累的经验为基础,理论联系实际,深入研究,教研结合,并以自己的服装技术、服装文化研究成果作为教材,多渠道、多形式培育服装业新人。

江继明是浙江纺织服装职业技术学院老师、继明红帮服装研究所所长。在红帮裁缝故乡宁波,他是一个被业界尊重的人物——红帮裁缝的第6代传人。如今,像他这样懂得全套红帮西装传统缝制技艺的人健在的已经不多,全国不足百人,而且大多是八九十岁高龄,江继明算是比较年轻的。

1947年,年仅13岁的江继明告别母亲,跟着外婆去了上海。当时身为裁缝师傅的舅舅在大上海闯荡,在他的介绍下,江继明到著名的培罗蒙西服店里当了一名小学徒。江继明自小就对服装制作怀有浓厚兴趣,因此,他非常珍惜学习机会,有一年大年三十晚上,其他师兄弟都回家过年了,他则独自留在车间里,将袖子拆了又装,装了又拆,反复七八次,直将袖子缝制得圆顺挺括才罢休。此时,新年的第一缕阳光刚刚破晓。

经过3年努力,江继明顺利出师,成为红帮新秀。但他觉得还不够,想要在裁缝手艺上更上一层楼,学到更正宗的红帮技艺。1956年,江继明辗转找到红帮第5代名师陆成法,行过拜师礼后,江继明成了红帮第6代嫡系传人。陆成法自小就学习西服技艺,是早期培罗蒙西服店的技师,曾为许多外国友人和演艺界、体育界名人设计制作过服装,在国内外享有盛誉,1987年被上海市政府授予"特级服装技师"称号。江继明拜陆成法为师后,服装技艺突飞猛进,从此在服装行业摸爬滚打一辈子。50多年过去,当年那个勤奋好学的小学徒已经成为身怀绝技的高级服装技师,他的事迹被《人民日报》《中国纺织报》等多家报刊宣传报道。

1998年,64岁的江继明了解到宁波还没有一家专门的服装研究所,便拿出几十年积攒下来的20万元钱,办起红帮服装研究所。他的心中有浓浓的红帮情结,师傅陆成法在临终前曾对他说过:"红帮的手艺不能丢,要继承下去。"师傅的临终遗言成为他终生的努力方向。

2002年11月,江继明受聘于宁波服装职业技术学院(现为浙江纺织服装职业技术学院)。几年中,他把自己的毕生绝学传授给了很多学生(见图2),并收了该学院3位青年教师陈尚斌、戚柏军和卓开霞作为衣钵传人。如今,江继明与3个弟子已开设一家红帮洋服店,作为研究所的实践基地。他们和江继明一起,为振兴红帮服装文化和红帮西服业努力着。

江继明在从事服装事业时,注意理论联系实际,在传统技术上大胆创新,坚持对服装科技和文化的研究,他著有《服装裁剪》《服装特殊体型》等多本服装研究著作,曾先后研制出获得国家专利的"快速服装放样板"、

图 2　江继明在教学活动中

"服装裁剪三围活动标尺"、"服装折纸打样法"和"教学服装模型"等多项技术。其中,"服装折纸打样法"适合于男西装、男拉链衫、女长袖衬衫、短袖旗袍、女童连衣裙、女童大衣等服装打样,采用此种方法,实用而方便,能大大节省时间,提高生产效率。此外还有"领圈弧线长度测量法""透明活页服装样卡"等新技术。

　　红帮精神与文化不仅仅属于红帮人,还是整个中华民族精神文化的一个支脉。这种精神与文化根植于肥沃的本土,浸淫在国人血脉之中。尽管在不同时期,表现形式不同,但其实质与主旨相同,拼搏进取、创新开拓永远是红帮裁缝精神内核。这种精神在现代红帮裁缝身上闪耀,他们继续谱写新的篇章。如今,在江良通的故乡奉化,红帮传人的代表人物盛军海、盛静生、傅志存等都已在服装业开创出广阔天地。

【主要参考文献】

　　[1]奉化市政协文史资料委员会编:《中国服装之乡——奉化》,1998年9月。

　　[2]胡元福主编:《奉化市志》(附录三"奉帮服装在沪店名录"),中华书局1994年版。

　　[3]宁波市政协文史委编:《宁波帮与中国近现代服装业》,中国文史出版社2005年版。

　　[4]朱敏彦主编:《上海名街志》,上海社会科学院出版社2004年版。

　　[5]《"红帮":洋装的中国传奇》,《财经时报》2006年11月20日。

　　[6]《宁波晚报》,2005年10月15日第四版。

(本文采用了陈万丰等同志提供的红帮史料,谨此致谢!)

"模范商人"——王才运及其荣昌祥服装公司

竺小恩

图1 王才运

王才运(1879—1931)(见图1),浙江奉化王溆浦村人。13岁随父亲王睿谟离乡赴上海,先在一家杂货店当学徒,不久跟随父亲改学裁缝,初为包袱裁缝。1900年,其父亲从日本学习西服裁制技术归来,在上海浙江路与天津路交汇处的忆鑫里附近开了一家西服店——王荣泰洋服店,王才运就在王荣泰洋服店一边跟着父亲学习西服裁制技术,一边帮着父亲经营店堂;西服店在父子共同努力下,积累了一定的资金,同时又得到亲戚慈溪人潘瑞章的资助。1910年,王才运与同乡王汝功、张理标3人合伙,在南京路与西藏路口(现上海第一百货商店)开设了荣昌祥呢绒西服号;1916年,3人拆股,王汝功、张理标退出荣昌祥,荣昌祥由王才运独资经营,资金达10万元,成为当时上海商界最著名、最完备的西服专业商店之一;1927年前后[1],王才运弃商归里,把荣昌祥交由王宏卿经营;1930年春,他为了挽救中华皮鞋股份有限公司(原系奉化人余华龙于1917年创办的中华皮鞋商店,1925年,余华龙因作为律师业务甚忙,加上社会活动频繁而无暇经商,故将商店以6000元盘给了王才运。王才运将店名改为"中华皮鞋股份有限公司",生意日见兴隆。

1927 年他回乡时,将该公司交由王宏卿打理),又一次离开故里赴上海。在他的努力下,虽然公司起死回生,但是由于过度劳累,1931 年 7 月,王才运突发脑溢血而逝世,年仅 53 岁。这位曾被誉为"模范商人"[2]的红帮裁缝在归葬前,有蒋介石、孔祥熙等 30 多位国民党党政要员和上海、宁波、奉化的著名人士为其题像,表示怀念和颂赞。

一、上海西服业界的领军人物

王才运一生从事服装事业,是 20 世纪前期上海西服业界的领军人物。他创办的荣昌祥呢绒西服号在西服业界长期昂立榜首,他培养的西服业传人在 20 世纪三四十年代几乎垄断了上海南京路上的西服店。这些西服名店对中国近现代服装事业的发展,尤其是对近现代服装业和西服业的发展有着广泛而深远的影响。

王才运在上海从事服装事业之时,正是整个社会转型时期。此时正值上海开埠,一批批来自世界各地的移民纷纷登陆上海滩,上海成为全国的时装中心。随着欧美来华人数的剧增,西服需求量也大幅上升。上海市历史博物馆收藏的资料显示,西方侨民在上海的人数,1880 年为 3504 人,1900 年增至 7396 人,1905 年为 12328 人,1910 年为 15012 人,1930 年为 58607 人。国外移民的大量涌入,使上海与国际的联系愈发密切,中国与世界各国的文化在这里碰撞、交融,近代上海的服饰文化呈现出了多元化趋势。随着国内有产阶级,高级职员,为外国人服务的买办、洋员、保安,富家子弟,社会名流等追求时尚,争穿西装,社会上出现了一股"西装热"。再加上民国服制改革,使西式服装在中国服饰领域占有了越来越多的份额。到了 20 世纪 20 年代,大都市穿西装的人极多,学生、教师,公司、洋行和各机关的办事员都纷纷穿上了西装。

王才运的荣昌祥呢绒西服号正是在这样的背景中创立的。荣昌祥呢绒西服号地段佳,位于南京路与西藏路交汇处,是上海最繁华的闹市区域;规模大,3 层 10 开间门面,装潢气派,成为当时上海最完备、最著名的西服专业商店之一。王才运以荣昌祥为平台,与时俱进,开拓创新,为中国服装事业的发展做出了多方面的贡献。

首先是在西服店的经营管理上,王才运超越了红帮前辈,也超越了自己,他开创了工贸合一的一条龙生产服务新方式。

红帮裁缝的创业史是一部不断创新的历史,他们之所以能从包袱裁缝到小作坊主,继而经营店堂,乃至服装公司,一步步走向成功,这与他们在经营上的不断创新是紧紧相关联的。在上海的红帮裁缝的生产方式一般经历了3个阶段:起初是包袱裁缝,走街串巷,上门兜揽生意;继而是摊头裁缝,在马路边、弄堂口等处定点设摊,承接来料加工;然后是店堂裁缝,乃至服装公司,租赁或购买临街房屋营业,拥有字号、商标、门市部和加工作坊。上海的店堂裁缝以小型的代客加工为主,占店堂裁缝总数的80%,分布在湖北路一带;也有一部分店铺备有衣料,兼来料加工,占店堂裁缝总数的15%~18%,分布在四川路一带;还有2%~5%的店堂裁缝是大上海的名店,分布在闹市区南京路一带,门面宽敞,装潢考究,这部分店堂的层次、规模已接近于服装公司。王才运的荣昌祥应该属于最后一层次。

王才运是从当包袱裁缝开始逐渐走向经营服装公司式的大型红帮商店道路的第二代红帮人,他的荣昌祥呢绒西服号是由王荣泰洋服店经过了10年的技术积累、资金积累、经营管理经验积累的基础上创立起来的大上海首屈一指的西服名店。王才运在布置店堂时以"以顾客至上"为理念进行精心设计:3层10开间店面,楼下一层为商场,二三层的前半部分经营呢绒批发,后半部分辟为裁剪、配料和工场,三层后半部分为职工宿舍。商场内以各种西服为主体,同时配有琳琅满目的西服配件,如时髦的衬衫、羊毛衫、领带、领带夹、呢帽、开普帽、皮鞋、吊袜带等,以满足不同顾客穿用不同西服之需。荣昌祥的店员大都来自浙江奉化王溆浦村,这些人的文化水平普遍较低,王才运作为一店之主,十分重视员工文化水平的提高。他深刻地认识到,员工的文化修养和服务质量直接关系到荣昌祥的盛衰。因此在每天店堂打烊后,王才运就会组织学徒学习国文、英语、珠算、会计等课程，并明文制订18条店规，将店规悬挂在店堂明显之处，要求职工熟记于心、严格遵守。店规中要求文明、热情、礼貌地接待顾客，即使生意不成，也要热情送客出门，决不容许与顾客顶撞，如遇外国顾客，须用英语接待。这些规定使荣昌祥在中外顾客中留下了美好的声誉。

王才运在经营管理方面较之于红帮前辈至少有以下几方面的先进之处：

一是工贸合一，开创了服装经营新方式，扩大了经营范围。此前的红帮裁缝店经营品种多为单一的西服，或来料加工，或定制，或门售，如王才运与父亲王睿谟在1900年创立的王荣泰洋服店、奉化江良通于1896年在上海开设的和昌号西服店、顾天云于1903年在日本开设的宏泰洋服店等，基本就是专营西服的店堂。王才运在经营西服的同时，又经营西服面料，而且10开间二、三层前半部分全为呢绒，批发兼零售。从店堂布置和店名"呢绒西服号"来看，呢绒面料的经营与西服的经营处于同等重要的位置，甚至超过西服，经营范围由成衣扩大到成衣与面料。在经营方式上，将服装制作加工与服装、面料、配饰的贸易结合在一起，开创了一条龙生产服务的服装经营新方式。

二是注重服装与服装的搭配、服装与饰物的搭配。荣昌祥一楼商场以西服为主，同时兼营衬衫、领带、皮鞋、帽类，将服饰搭配艺术引进了服装卖场，全面倡导服饰现代化。这在当时无疑又是一种创举。

三是注重员工服务水平和文化水平的提高。在"荣昌祥"，提高员工服务水平和文化水平有两条途径：订立店规和学文化。订立店规是老方法，各店的店规虽然内容不同，但性质一样；而组织员工学文化在当时就不是所有的店主都能做到的了，这一具有开创性意义的行动，至少反映出了一店之主王才运的远见卓识和宽广的胸怀。

总之，荣昌祥把商场与工场、门售与加工、零售与批发、西服与配件结合在一起，这种工贸合一的一条龙生产服务的方式，无论对加工服装的顾客，还是门售顾客，或是需要批发的顾客，都给予极大的方便。王才运和员工的共同努力为荣昌祥争得了顾客，赢得了市场。荣昌祥的经营之道为其他中小红帮服装店堂树立了榜样,在荣昌祥以后,红帮服装店堂在经营品种上逐渐向多元化发展;对员工文化水平和工艺技术的提高也越来越受到有见识的店堂经理的重视。从业余时间的学习到参加有组织的培训班,到开办学习文化的夜校,到举办服装学校,这是一个逐渐发展的过程,在这一过程中,荣昌祥的王才运勇于开创自己的经营之路,显示出了一个现代企业家的品格和风范。

第二是在服装技艺的提高上,王才运从不墨守成规,而总是博采众长,兼收并蓄,努力探索服装改革的步伐。

王才运出身裁缝家庭,在王荣泰洋服店期间,王才运就在父亲的悉心指导下,刻苦钻研,很快掌握了西服裁制技术。但他从不满足于现状,在经营荣昌祥期间,为提高西服的档次,增强与外商的竞争力,他一方面从英国订购西服样本,还通过怡和、孔士、元祥、石利路等洋行向英国、意大利等国厂商订货,使产品不断更新换代;另一方面,又从日本、朝鲜、俄罗斯等地重金聘请出类拔萃的华工裁缝。高档的备料,充裕的货源,为荣昌祥的发展奠定了较为雄厚的物质条件。高超的技术,周全的服务,使荣昌祥在中外顾客中建立了卓著的信誉。随着荣昌祥的繁荣昌盛,南京、北京、天津、汉口、青岛、广州、厦门等各大城市的客商,纷纷前来选料订货。

在经营荣昌祥的同时,王才运作为红帮创业功臣之一,在孙中山等民主革命者的倡导下,积极探索服装改革之路,努力开创中国服装的新世纪。

在经营西服的过程中,他并非照搬西服样式,而是借鉴西服理念和先进的裁剪方法,为我所用,从东方人的实际出发,把中国人量体裁衣的优良文化传统和中国缝纫功夫的长处运用到西服制作中来。20世纪三四十年代培罗蒙等服装名店"海派"西服的创制成功,与王才运等出类拔萃的红帮裁缝在服装经营实践中不断探索、不断积累是分不开的。

在中山装的创制中,王才运更是功勋卓著。当时西服流行,而西服原料多为进口呢绒,大量白银外流严重影响国计民生;不少国人不习惯于穿西服,因此中国服装领域出现了形形色色的怪现象,这有碍国人的体面和国家的形象。在这样的历史背景下,民主革命领袖孙中山先生倡议创制中国新服装——中山装。此服装采用西装造型和制作技术,参照西服样式,根据中国人的体形、气质和社会生活新动向,融入中国服饰文化传统。初期的中山装是由 19 世纪末 20 世纪初在日本的张尚义后人制作的:直翻领,胸前 7 个扣子,4 个口袋,袖口 3 个扣子[3]。中山装的修改、定型应该在上海的红帮服装店,而且时间在 1910 年荣昌祥呢绒西服号成立以后到 1925 年孙中山逝世以前(另据《宁波日报》报道,孙中山 1916 年在杭州、宁波演讲时已穿改进后的中山装,照此说,中山装的改进、定型时间应该在 1910 年至 1916 年)。

1927 年 3 月 26 日《民国日报》登载了荣昌祥的广告,连登三天,内容如下:

> 民众必备中山装衣服。式样准确,取价特廉。孙中山先生生前在小号定制服装,颇蒙赞许。敝号即以此式样为标准。兹国民革命军抵沪,敝号为提倡服装起见,定价特别低廉。如荷惠定,谨当竭诚欢迎。

同年 3 月 30 日《民国日报》刊登了王顺泰西装号的广告,内容如下:

> 中山先生遗嘱与服装。革命尚未成功,同志仍须努力,乃总理遗嘱也。至于中山先生之服装,则其式样如何,实亦吾同志所应注意者。前者小号幸蒙中山先生之命,委制服装,深荷嘉奖。敝号爰即取为标准,以供民众准备。式样准确,定价特廉。倘蒙惠临定制,谨当竭诚欢迎。

从这两则广告可知:第一,孙中山先生生前曾约荣昌祥和王顺泰两家服装店制作过中山装;第二,孙中山先生对这两家服装店制作的中山装颇为满意;第三,1927 年,在国民革命军抵沪之时,两家服装店全力推广制作中山先生生前约请他们制作的服装样式——中山装,而且式样准确。

由此可见:第一,中山装的定型是在上海红帮服装店完成的,王才运的荣昌祥是肯定参与此事了;第二,王才运等红帮裁缝在中山装的推广过程中起到了积极的作用。

2005年,在"纪念中国同盟会成立一百周年国际学术研讨会"上,上海大学社会科学院李瑊副教授也提出:"中山装的诞生与宁波籍红帮裁缝密切相关",而且明确了改进中山装的人物和时间,"第一款正式的中山装是由红帮人物王才运根据孙中山的要求于1916年缝制而成"。她说,1916年,王才运等人应孙中山之约,在此前的基础上,结合先生的意见进行了改进:将前襟7个纽扣改为5个纽扣,以象征"五权宪法";改上贴袋盖为倒"山"字形笔架式,称为"笔架盖",象征中国民主革命要重用知识分子;袖口仍为3个扣,以象征三民主义。[4]

虽然中山装创制者说法不同,而且这一服装样式之后也在不断演变之中,但是,根据以上资料我们可以肯定地说,荣昌祥呢绒西服号的主人王才运对中山装的贡献是巨大的,是他和其他红帮裁缝一起按照孙中山先生的倡议完成了中山装的改进、定型工作,从而使中山装成为地地道道的中国新式服装,不但中国人视之为"国服",外国人也确认其为中国人创造的典型的中国现代服装。

中山装是服饰文化中西合璧的典范之作,它是王才运和其他红帮裁缝师傅们在民主革命领袖倡导下共同谋划构思的结果。它将中西方缝制与裁剪技术融合在一起,是对中国服装制作技术的一次革命,也是对中国传统审美观念的一次革命,它标志着中国服饰的人文思想、审美观念进入了一个新阶段,中国服饰文化与世界服饰文化接上了轨道,实现了由古代向近代、现代的转变。

第三是在服装人才的培育上,王才运信奉"功以才成、业由才广",他呕心沥血,为服装事业的繁荣发展输送了众多优秀的人才,是红帮职业教育的元勋之一。

在旧时,学徒生活是十分艰苦的,学徒期一般为3年。学徒期间大部分时间是为师傅、师娘做家务,诸如生炉子烧饭、抱孩子、洗衣服等,过了1~2年后才允许为师傅打下手,也就是提提熨斗、踩踩缝纫机。3年时间学不到什么裁剪功夫,因此,很多学徒往往是3年学徒,3年帮忙,才能学到一些基本的技术离开师傅。而且师傅一般为了自己的生意是不教关键技术的,徒弟们只能暗中偷学,然后靠自己琢磨,掌握一些要领。

王才运却与众不同,他心怀服装事业发展的大局;他高瞻远瞩,深知"功以才成、业由才广",服装事业要发展就必须得有大批人才,因此他始终以培育服装人才的标准来培养学徒。在培育服装人才方面自有其独到的一面。

一是注重实践育人。王才运对待学徒,与其他师傅不同,他不会让学徒尽做一些家务杂事而浪费一两年时光。凡是到荣昌祥的学徒,一律先到工场实习,由师傅具体指导,让学徒们在实践中初步了解掌握服装结构,通过实践学会基本的裁剪技术和缝制工艺。因此,荣昌祥的学徒,满师时间短,掌握技能快,后来多能成才。

二是注重量才录用。荣昌祥的学徒,大多来自奉化王溆浦村,有王才运子侄一辈的,有其外甥、外甥婿等亲戚,有左邻右舍的乡亲。王才运公平公正地对待每一个学徒,他举贤不避亲,只要你品行好,有才能,他就重用你;而且根据你的才艺和特长量才而用。如果你服装技能掌握得特别好,就留你在工场,先当工人,日后往裁缝师傅方向发展;如果你有营销才能,就分配你到店堂做营业员;如果你有组织管理能力,就安排你做管理人员。总之,王才运在服装人才培养上用心良苦,注重人才的发展方向和发展空间,为中国服装事业的发展培育了大批后备力量。

三是坚持扎实渐进的原则。王才运对服装人才的培养讲究科学性、系统性,坚持循序渐进的原则,步步到位,一丝不苟。他安排学员在学习服装技术时由易到难,由简到繁,逐步深化提高,系统地掌握服装知识、技术、技能和科学的方法。譬如留在工场当工人的,在原先初步了解服装知识、初步掌握服装技术的基础上继续拜师,在师傅指导下按裁制西服的工序,一道道循序渐进地学习钻研;在掌握了各道裁制工序后,再了解掌握

红帮名人名店传略

各种面料的性能,研究各种服装的款式;最后还要会观察顾客的身材、气质,因人而异,灵活运用,精心缝制出让不同的顾客都能满意的服装来。

王才运培养了服装行业不少优秀人才,从荣昌祥出去自立门户的有20余人,其中大多在南京路开西服店,与荣昌祥遥相呼应。

王才兴、王和兴兄弟,开设王兴昌呢绒西服号于南京路807号;

王来富,开设王荣康呢绒西服号于南京路815号;

王辅庆,开设王顺泰呢绒西服号于南京路791号;

王廉方,开设裕昌祥呢绒西服号于南京路781号;

王士东、周永昇,合资开设汇利呢绒西服号于南京路775号;

王正甫、王介甫兄弟,开设洽昌祥西服号于广西北路346号;

王继陶,开设汇丰西服号于静安寺路429号;

孙永良,开设顺泰祥西服号于贵州路;

王增表,开设开林西服号于南京路957号;

王丰莱,开设王荣康西服号于重庆路。

王才运的荣昌祥和他的门生所开的服装商店,在20世纪三四十年代,几乎垄断了南京路上蓬勃发展的西服业,一时间,上海南京路成了奉化西服业一条街。这些企业大部分成为上海的名牌商店,对南京路的繁荣,中国西服业的发展,产生了巨大的影响。王才运实为上海西服业界的领军人物。

作为上海西服业界的领军人物,不言而喻,王才运在中国服饰现代化的历史进程中是有着卓越贡献的。

就微观而言,荣昌祥呢绒西服号无论在经营方式、经营范围、人才培养上都具有开创性的意义。王才运实施的工贸合一、多种服饰搭配的经营方式,在一定程度上对服装现代化经营具有积极推动作用;他坚持扎实渐进和量才录用的原则,在注重实践教育的同时还有意引入文化教育,这不仅改革了传统服装行业承传方式,也为现代服装职业教育的产生和发展开了先路。

就宏观而言,王才运从事服装事业是20世纪一二十年代,恰逢中国近代服装大变革时期,在革命先行者们的倡导下,王才运和红帮先辈们一起适时抓住历史机遇,积极引进西服,改造西服,推广西服。与此同时,在西服和日本新服装启迪下,积极创制了中国自己的新服装——中山装,中山装是经中山先生等革命人士倡导后,与红帮裁缝共同谋划构思,由王才运等红帮裁缝制作完成并积极推广的,由中国人创造的典型的中国现代服装。在革命先行者倡导下,在王才运等红帮裁缝共同努力下,中国服装领域发生了翻天覆地的变化:历经几千年的服饰等级制度在中国彻底消亡,西方服饰文化理念和技术在中国得以进一步发展,中国服饰文化与世界服饰文化开始接轨。

总之,20世纪上半叶,中国服饰从制度上、理念上、技术上、经营上、人才培养和职业教育上,全面踏上了通往现代化之路。王才运和红帮裁缝们在这一条大道上留下了一个个坚实的脚印。

二、名副其实的模范商人

王才运是一位名副其实的模范商人。

在商言商,商人逐利,这本是商人的普遍心态。当然,在传统的商业道德中,商人取利要以"义"为准则,所谓"君子之财,取之有道","不取不义之财"。在近代中国的商界,商人们在继承传统商业道德和伦理规范的同时,还怀着一腔忧国忧民的情怀。这是因为,一方面,中国主权不断沦丧,领土完整被破坏,关税自主被侵蚀,司法独立遭践踏,国家地位日益沉沦;另一方面,随着"西风东渐",中国民族资本主义经济的发展,帝国主义经济侵略的不断加深,民族危机的空前严重,近代商人的民族主义思想逐步萌芽和发展,振兴民族经济,实业救国,成了这一代商人追求的目标。一种强烈的捍卫国家权利的意识在这一特殊的时代,逐渐在商人心中萌发:20世纪初年兴起的收回利权运动、抵制美货运动,均可视为商人捍卫国家权益的实践。而后来的五四运动和五卅运动更见证了爱国商人在保卫国家主权、维护民族利益中的积极性和坚定性。王才运作为上海南京路商界的代表人物,以捍卫国家主权为大义,以维护民族利益为准绳,在这一系列的斗争中起到了模范的作用。

南京路,旧称大马路。自上海开埠以来,南京路上高楼耸立,店肆密布,成了上海商业中心区域,全市最繁华的地方,也是华人商店与红帮裁缝店密集之处。南京路作为上海商业街区的象征,是五四运动在上海的集中表现地。1919年,五四运动爆发。南京路商界代表王才运带领各商号与学界采取配合行动,打出"不除卖国贼不开门""不除卖国贼不开市"的旗号,首先停业、罢市。南京路为上海市第一商业街区,其罢市具有重大的影响。此后,上海商人相继罢市。在这次罢市过程中,王才运日夜奔走联络,备受租界当局的注意和干涉。租界当局干扰商人罢市,要求他们营业,于是,在王才运等人策划下,南京路150余户商铺,议定采取迂回策略,以商家内部事物调整为理由继续罢市,将其前几日张贴的"不除卖国贼不开门""不除卖国贼不开市"等标语,改换为"召盘""清理账目""闭歇"等语[5],继续进行斗争。罢市7日,一直坚持到北洋政府将曹汝霖、章宗祥和陆宗舆三贼罢免,上海商人罢市才结束,南京路商铺亦相继开市。

五四运动及商人罢市运动的胜利,一方面大长了国人和商界之气,引发了更为高昂的爱国热情;另一方面,也促使国人更加积极地去关注现实问题。在中外频繁贸易中,我国商业与西方比较,相形见绌,如何谋略自救之策,如何改良出口商品,如何组织商店革新,如何灵活营销,如何集中各商号力量一致对外等,这些问题摆在人们的面前。再加上在这次罢市斗争中,南京路"各店同人以向无商店联络之机关,偶遭事故,难通声气,颇感不便,奔相探询,又无所适从"[6],因此,王才运等人萌发了组织各路商店联合会的想法。

直接促成南京路商联会组织成立的应该是"房捐"事件。1919年7月份,工部局增加房捐,由12%调至14%,上海商民群起而反对。在看到五马路同芳居、河南路裕昌等店号,都因为拒交房捐而被拍卖商品后,南京路商界中的坚定分子王才运、余华龙、王廉方等人十分愤怒,也更加增强了他们要团结中、小商人的意愿,均认为各商号必须联合起来,尽快建立一个组织。在他们的努力下,终于于9月20日,借用福源里报界联合会的会址,召集全路店铺代表,召开会员大会,通过商联会章程,定名为"南京路商界联合会",票选王才运为正会长,陈励青、周宪章为副会长,初定会所于大庆里南洋兄弟烟草公司俱乐部,择期召开成立大会。

南京路商联会成立之前,虽然也有少数以马路、街区为单位而组成的商业社团,但均影响不大。由于南京路在上海的影响和号召力,所以,南京路商联会"执各路商联会之牛耳,为海上独一无二之纯粹商人团体",并且,"其办事人员皆一时之选"(7)。此后,上海各马路纷起效仿,各路商联会相继成立(8)。

商联会成立之后,基本上克服了各马路地域内各业中小商人的涣散局面,但各路"商联会"仍自成体系,如一盘散沙,一个联合各马路商联会的"商联总会"已是呼之欲出,"以对外不可无统率机关,对内不可无集权枢纽"(9),于是,"各路商界外顺世界之潮流,内悟散沙之非计,结合团体,先后组成商界联合会者有二十余路之多,又惧其各自为政,漫无统系也,于是有各路商界联合总会之组织"(10),1919年10月26日,各路商联会代表举行上海各路商界总联合会成立大会,商联总会终于宣告正式成立。王才运作为南京路商联会的代表,出任商联总会的副会长。商总联会的成立既巩固了已有的商联会组织,又推动该组织在各路商业街区的进一步普及,至此上海商界终于有了自己的组织和带头人。

在1919年11月制定的商会章程及组织规则中,南京路商联会明确提出以"团结团体、群策群力、维持公益、提倡国货"为宗旨,设有正副会长及正副评议长,并下设干事部与评议部分理会务,干事部下又分设了文牍科、会计科、交际科、调查科众多名目。但以实际情况看来,会务基本属于会长负责制(11)。南京路商联会历任七届会长全部为浙江人士,其中宁波籍5人(王才运、邬挺生、方椒伯、余华龙、王廉方),余姚(徐乾麟)、余杭(张子廉)各1人。而5名宁波人中,红帮裁缝占了2名,可见红帮裁缝在上海南京路商联会的地位。

从会刊所载的南京路商联会工作概况分析,南京路商联会历年中对内工作主要有:南京路街区的治安、防盗、案件调查,如筹备特别巡逻、举办冬防均属此类;还有开办夜校、调解房屋纠纷、定期举行聚餐会、支持房客减租运动等。对外的工作则有对江浙兵灾善后捐款、庆祝北伐成功、战争期间开办难民营,以及对淞沪教养院、上海联益善会等进行资助。

从南京路商联会的宗旨和主要工作来分析,商联会成立的根本目的归纳起来有两大方面:一是自谋利益以促进国家社会之经济,二是一致对外以维护国家民族之权益。王才运作为第一届商联会会长和第一届上海商联总会副会长,无论在维护商人利益,还是维护国家民族主权方面都做出了卓越的贡献。

南京路商联会直接面向街区内的广大基层商号,广泛吸收一般中小商人入会,竭力地为中小商人谋取利益、排解忧难。

譬如为了提高职工文化素养而开办夜校、举办俱乐部。王才运一向重视培养人才,他关心荣昌祥职员的成长,也关心荣昌祥外的职员。1919年冬[12],王才运与王廉方、余华龙一起倡议开设夜校,专收南京路商联会会员商店的职员为学员,得到大多数会员商店的支持,大家纷纷捐款。第二年春,夜校招生,由于学员不断增加,因而校址一迁再迁。夜校主要开设小学课程,立足识字启蒙。1921年夏,商联会筹集资金,组织俱乐部,开展健康的娱乐活动。另外,30年代创办的裁剪学院、40年代创办的上海西服工艺学校,王氏诸人都鼎力支持,是赞助者。

维护治安、保护会员也是商联会的主要工作。1923年,战火四起,市面萧条,盗贼伺机作案,职员人心惶惶。邵万生南货号发生盗窃案后,商联会及时组织募捐,抚恤死难家属,慰问受伤人员,表彰有功人员,并组织特别巡逻队伍。军阀混战时期,商联会及时印发职业证,并报华界和租界当局立案,避免商界职员被强行拉夫。

由王才运等商界领军人物发起、组织的商联会及商联总会,自成立之后,除照章维护会员商人利益外,还积极参加社会活动。在某种程度上可以说商联会及商联总会与重大事件相辅相成,克始克终,它们积极参与了五四运动,发起了争取租界市民权运动,用实际行动声援了五卅运动。

在五卅运动中,以王才运等人为首的南京路商联会联合上海商界各路商联会和商联总会一起,坚定地站在广大工人和学生的立场上,坚决与帝国主义展开针锋相对的斗争,他们以同盟罢市、函电抗争、济工恤难等多种方式参与了运动,表达了对学生爱国行动的一种有力声援,造成了一种有利于对外交涉的舆论环境,在一定程度上成了工人、学生的后盾,使得斗争能在相当长的一个时期内坚持了下来,迫使反动当局不得不接受惩办"五卅惨案"凶手等要求。王才运却因此遭到租界巡捕房的搜捕。在同帝国主义和反动当局的斗争过程中,南京路商联会于 1925 年 6 月几次函电各界强烈要求"勿为强权屈服""一致息争对外""希望诸国对华政策应时而变,本着国际公法、公理、人道精神,公正处理五卅惨案"[13],在支持"三罢"斗争而掀起的捐款热潮中,南京路商联会所捐大洋为 5982 元,居各路商联会之首,[14] 其中王才运本人就捐了 100 元[15]。

在风起云涌的革命浪潮中,王才运以一个中国人的民族精神和爱国情感,积极响应五四运动,声援五卅运动,领导南京路商界参加罢市斗争,又竭力抵制日货、英货,有力地打击了帝国主义蚕食中国的嚣张气焰。五卅惨案后,王才运的爱国之心益坚,他发动商界开展抵制洋货、提倡国货的实业救国运动。荣昌祥呢绒多英国货,为坚持爱国大义,实现"不买不卖洋货"的誓言,1927 年前后,王才运不惜放弃数万金之收入,毅然决定弃商归里,把大部分资产以分红的形式分给门生子侄们,这批昔日荣昌祥的职工有了分红资金后开始自立门户,独立打拼,形成了红帮裁缝在上海滩百舸争流的景象。

王才运以促进民族经济发展为准则,以维护国家主权为大义,他高风亮节,备受各方推崇。1921 年 2 月上海公共租界纳税华人会出版的《市民公报》第一期把他的肖像冠于上海名人之首。王才运是名副其实的"模范商人"。

三、造福桑梓的贤达乡绅

王才运携同家眷回到阔别 35 年的故乡后,并不安心于安静休闲的生活,把经商所得用于家乡的各项社会公益事业,概括起来主要做了五个方面的大事。

第一,兴修水利。王溆浦村有个王家闸,年久失修,无法蓄水,每逢干旱,禾苗枯萎,极大地影响农业生产。王才运与他父亲倡议并出巨款重修建筑,使碶闸焕然一新。以后又响应族人王汝功的建议,捐资修筑乡里最大的水利设施——外婆碶。碶成之后,又独资在碶旁造了个"守水亭",为司碶者和过路行人提供休息的场所。村人对此无不称颂。

第二,造桥铺路。距江口镇东面千余步,有一座"寿通桥",俗称"新桥",是剡溪、禽孝(今溪口)、新昌、嵊县赴甬江者的必经之桥。此桥长10余丈,旧时桥上的石板路狭窄、残缺,高低不平,一到夏秋汛期,洪水泛滥,过往行人十分不便。王才运与他父亲对此十分关心,捐重金改造,重新加固桥墩,加宽桥面,此工程始于1920年秋,至翌年竣工,共耗费2800多元。后又花2900多元改建墩潭寺桥。

第三,捐款赈灾。1860年以来,奉化三遭水灾,庄稼大面积受淹,部分籽粒无收,灾民蜂拥,怨声载道。旅沪的奉化士绅,义办急赈,王才运捐助抗灾,连续几年将平价的粮食贷给灾民,价值超过往年他为北方旱灾时捐款的总额。

第四,义田助学,怜老惜贫。王才运幼年失学,终身抱憾,见族人有孤苦无依者,就联想到自己早年的处境。王才运遵父之嘱,拨出120亩土地,其中100亩的收入供贫寒子弟免费进村办溆东小学读书,每年赞助学费百元;还救济鳏、寡、孤、独,终其天年,每年给谷240斤;并帮助小本经营者维持生计,提供村人买牛、播种所需资本,帮助贫病之人解决医药所需。为保证做好此善举,王才运又在族人中劝募现金约1000元,归全村共有。为合理使用这些义田和资金,王才运牵头组织推举董事九人,成立董事会以负其责,并议定八条章程,规定:对不孝敬父母公婆者,对奸淫无耻者,对盗窃或窝藏者,对拐骗及诱人为恶者,对好事赌博抽头者,一律不予照顾。1926年奉化筹建"奉化孤儿院",推举王才运担任经济董事。他为筹集资金费尽心思,除自身捐资外,还各方奔走,通过各种人际关系进行劝募,收养的孤儿约有 80 多人,从生活、读书、授艺,直到成年后介绍工作,一包到底。王才运每年为孤儿院募集的资金不少于 8000 元,一直坚持到他去世。

第五,修筑公路。1927 年,旅沪的奉化籍人士为沟通奉化到宁波的陆路交通,公推王才运为鄞奉长途汽车股份有限公司筹备主任。他不辜负乡亲们的托付,全力投入,终至通车,大大方便了浙东沿海地区的交通往来。

王才运对社会公益事业至为关心,个人及家庭生活却非常俭朴。他把"朱柏卢先生的治家格言"挂在客堂正中,常以此来教育子女,还常用古人名言"富不忘贫","积钱于儿孙,不如积德于儿孙"来律己。当他 50 岁生辰时,亲友们要为他庆贺祝寿,他说"自己从贫寒起家,追念先人高风亮节犹历历在目,对先人勤俭持家的教训,怎可违背",毅然谢绝。

1931 年 7 月,王才运突患脑溢血逝世,终年仅 53 岁。"世有良才天不永",红帮失去了一位现代型的优秀企业家! 在他归葬前,社会各界著名人士通过各种方式纷纷表示悼念;王正廷、庄崧甫、虞洽卿、蒋介卿、王文翰等人,都题词以表悼念(见图 2)。(16)

图 2 王正廷、庄崧甫、蒋介卿题词

新编的上海黄浦区商业志和奉化市市志都记载着他的事迹;宁波市服装博物馆专栏陈列着他的塑像和有关资料;纪录片《中山寻梦》介绍了与他有关的中山装;上海东方电视台播出的《上海百年服饰》节目中,除介绍荣昌祥创业情况外,还展映出当年王睿谟和王才运的照片;中央电视台的《祖国各地》节目,介绍红帮裁缝时,也播映出王才运的照片和有关镜头;奉化江口镇的罗蒙服装厂和王溆浦村的汇丰服装厂,也都陈列着他的照片,以红帮传人的身份来纪念他。

以弘扬"红帮精神"为办学特色的浙江纺织服装职业技术学院更是把王才运作为红帮服装流派的杰出人物进行介绍:红帮文化校本课程作为必修课程向广大学生宣讲王才运等红帮人物,红帮文化长廊悬挂着王才运巨幅画像,红帮文化馆以图文并茂的形式对王才运的事迹做了详细的介绍。

王才运为上海西服事业和中国现代服装业的发展所做出的卓越贡献以及他爱国、爱乡的先进事迹,永为后人所怀念和敬仰!

红帮发展史纲要

【注释】

(1)《宁波帮与中国近现代服装业》认为王才运归乡在 1927 年;《创业者的足迹》认为王才运弃商归里是在 1925 年;《红帮服装史》认为王才运回乡是在 1926 年春。

(2)据《红帮服装史》《创业者的足迹》记载,王才运在离沪回乡之时,被当时国民党要员誉为"模范商人"。

(3)季学源、陈万丰主编:《红帮服装史》,宁波出版社 2003 年版。

(4)《"中山装"的来历有新说》,《宁夏日报》2005 年 8 月 3 日。中山装的象征意义还有别说。

(5)《南京路各大商家继续罢市》,载《五四运动在上海史料选辑》,第384 页。

(6)王廉方:《本会史略》,见上海工商业联合会、复旦大学历史学系编:《上海总商会组织史资料汇编》,上海古籍出版社 2004 年版,第 994 页。

(7)余颜庭:《本会之责任》,《上海总商会组织史资料汇编》,第997 页。

(8)时人对于南京路商联会地位的看法基本一致,在南京路商联会周年纪念时,来宾徐季龙演说:"南京路为各路之冠,南京路联合会在总会中亦首屈一指。"参见《纪南京路联合会之周年纪念》,载《上海总商会组织史资料汇编》,第997页。

(9)《前上海各马路商界总联合会恢复宣言》,《申报》1926年6月25日。

(10)《商界联合总会纪盛》,《申报》1919年10月27日。

(11)《申报》1919年11月3日;同见《上海总商会组织史资料汇编》,第998—1003页。

(12)季学源、陈万丰主编的《红帮服装史》以为是1918年冬,并认为南京路商界联合会成立时间为1918年7月,五四运动前夕。

(13)彭南生:《五卅运动中的上海马路商界联合会》,《安徽史学》2008年第3期。

(14)数据根据《申报》1925年6—7月记载统计。

(15)《公共租界罢市之第七日》,《申报》1925年6月8日。

(16)王正廷、庄崧甫、蒋介卿题词图片来源:陈黎明的博客:《吊唁王才运的题词》。

【主要参考文献】

[1]季学源、陈万丰主编:《红帮服装史》,宁波出版社2003年版。

[2]宁波市政协文史委编:《宁波帮与中国近现代服装业》,中国文史出版社2005年版。

[3]宁波市政协文史委编:《宁波帮研究》,中国文史出版社2004年版。

[4]陈万丰主编:《中国红帮裁缝发展史》(上海卷),东华大学出版社2007年版。

[5]陈万丰编:《创业者的足迹》,宁波服装博物馆2003年9月编印。

[6]陈高华、徐吉军主编:《中国服饰通史》,宁波出版社2002年版。

[7]宁波市鄞州区文广局、宁波服装博物馆:《红帮裁缝与宁波服装研讨会文集》,2009年10月编印。

红帮名人名店传略

[8]王廉方:《本会史略》,见上海工商业联合会、复旦大学历史学系编《上海总商会组织史资料汇编》,上海古籍出版社 2004 年版。

[9]安毓英、金庚荣:《中国现代服装史》,中国轻工业出版社 1999 年版。

[10]张竞琼:《西"服"东渐——20 世纪中外服饰交流史》,安徽美术出版社 2002 年版。

[11]彭南生:《五卅运动中的上海马路商界联合会》,《安徽史学》2008 年第 3 期。

[12]竺小恩:《中山装和中山先生的服饰文化观》,《五邑大学学报(社会科学版)》2007 年第 3 期。

红帮发展史纲要

"西服王子"——许达昌及其培罗蒙西服号

竺小恩

许达昌(1895—1991)(见图1)，"西服王子"培罗蒙的创始人。原名许恩孚,浙江舟山定海人(舟山当时隶属于宁波)。许达昌出身贫苦,家中兄弟姊妹 10 人,他排行第六,幼年时便失去母亲,由姐姐抚养成人。十几岁时他便离家远赴上海,在"王顺昌西服店"学生意。满师后先到定海老家做裁缝,经过辛勤打拼,几年后,又回到上海,在南市老西门开了一家属于自己的作坊,这是许达昌创业的初始阶段。有了一定的资本积累后,于 1919 年,他在北四川路独资开办了"许达昌西服店"。1932—1933 年间,借南京路、西藏路交界处的新世界附近的街

图 1　许达昌和徒弟戴祖贻

面房营业,1935 年,搬迁至南京西路 735 号,[1]改店号为"培罗蒙"。同年又迁至南京西路 284－286 号。[2]1948 年,许达昌审时度势,带着几位红帮师傅赴香港,开设了香港培罗蒙,不久,香港培罗蒙便成为世界五大西服

店之一,这是他的第二次创业。

　　1950 年,由红帮老友顾天云引荐,许达昌将西服业拓展到日本,先是在日本东京千代田区富国大楼创立分店,后迁入帝国饭店,由其高足戴祖贻主持经营。1969 年,许达昌将日本的培罗蒙资产全部转让给戴祖贻。

　　1991 年,许达昌在香港去世。美国《致富》杂志 1981 年 9 月刊曾登载文章,称誉许达昌为"全球八大著名裁剪大师"之一,全亚洲获此殊荣者仅此一人。

　　许达昌创建的培罗蒙,至今已经历了将近百年的发展、拓展和创新:20 世纪二三十年代是培罗蒙创业的第一阶段,它在红帮大本营上海赢得了中外顾客的青睐,曾与亨生、启发、德昌并称为海派西服"四大名旦",被人们誉为"西服王子";在 40 年代末,培罗蒙移师香港,这是创业的第二阶段,在这一阶段,凭着其一贯拥有的高超的技艺、上乘的质量、精明的经营和优质的服务,培罗蒙又创下了辉煌的业绩,红帮师傅蒋家埜被香港媒体誉为"裁神";几乎同时,50 年代伊始,培罗蒙的足迹拓展到海外的日本,在戴祖贻主持下,日本的培罗蒙不但生意隆盛,而且享誉东西方,戴祖贻被大家称为"培罗蒙先生"。

一、在上海:许达昌造就了"西服王子"培罗蒙

　　许达昌在上海创业,已是 20 世纪二三十年代。此时距国门洞开"西风东渐"已近百年,日本明治维新亦已近半个世纪,戊戌政变已过二十年,辛亥革命已经胜利,中国正处于社会大转型的热潮中。"西服东渐"是转型浪潮中一个十分显著的标志,尤其是中华民国成立以后,西式服装很快成了时髦服装,向西方学习已成必然趋势。"今世界各国,趋用西式,自以从同为宜。"(3)在这样的背景中,西装受到了特别的宠爱。当民国政府公布以西式服装为礼服时,西装的地位更高了,在上层社会产生了明显的影响。西装业已成为一种时尚,一种流行的"官服",一种适用于正式交际场合的服装。在当时,"革命巨子,多从海外归来,草冠革履,呢服羽衣,已成

146

红帮发展史纲要

惯常;喜用外货,亦不足异。无如政界中人,互相效法,以为非此不能侧身新人物之列","其少有优裕者亦必备西服数套,以示维新"。[4]

在这样一种"趋用西式"的服饰文化大气候中,国内本帮裁缝转身成了"西帮裁缝",在国外学习西式服装已经成功的裁缝师傅们,也一批批从日本、俄国、欧洲回来,回到上海、哈尔滨等前沿发达的城市,纷纷开创西服事业。以上海为例,江良通、江辅臣父子开创和昌西服店,王睿谟、王才运父子开创荣昌祥呢绒西服店,王廉方创办裕昌祥呢绒西服店。上海南京路上,由奉化王淑浦王氏创办的王兴昌、王荣康、王顺泰、汇利、荣昌祥和裕昌祥6家现代服装名店相率亮相。1930年,上海成立西服业同业公会时,入会的西服店竟有420多家。[5]可见现代服装店已如同雨后春笋,在东西南北中各大中城市涌现出来。

西服的普及,给红帮裁缝们带来了巨大的商机,也为红帮服装事业的发展、开拓带来了机遇。然而,西服店的大量涌现,也是对广大红帮裁缝们的一种考验和挑战。譬如上海南京路,它作为上海商业中心区域,全市最繁华的地方,红帮服装店密集。在这样一种商业环境中,要做到出类拔萃,并非一件易事。但是,许达昌——培罗蒙的创始人,凭着先进的经营理念、独特的经营风格和成熟精明的经营方略,使培罗蒙脱颖而出、独占鳌头,被誉为"西服王子"(见图2)。

一是注重经营环境的营造。

"培罗蒙"这一招牌名字与其他服装店相比胜人一筹。在当时流行的服装店名中,主要有两种情况。一种为反映国人普遍心理,含有"吉祥如意""繁荣昌盛"之意的,如以"昌"字做文章,以求生意兴隆,财源茂盛的,有"鸿昌""美昌""锦昌""发昌""瑞昌"等,不胜枚举。一种因红帮裁

图2 昔日培罗蒙西服店

缝的服务对象多为洋人和上层社会人物,因此,不乏英文译名的店号,如"汤姆森""司麦脱""凡尔登""曼丽"等。而"培罗蒙"之名既蕴含西洋色彩,吻合风气渐开改弦易辙的时势,又符合国人的心理,在店名中蕴含美好的意义。据戴祖贻先生介绍,许达昌将店堂取名为"培罗蒙",原是借用名号。许达昌有一弟弟在天津外国人开办的一家影片公司工作。此影片公司叫"培罗蒙",许达昌觉得这名字很响亮,既有西洋色彩,又符合国人心理,于是借用之。后人对"培罗蒙"又有一种解释:"培"是指培育具有高超服装缝制技艺的人才,"罗"是借以罗纱指服装,"蒙"是承蒙顾客惠顾,为顾客服务。意思是,培育具有高超服装缝制技艺的人才,竭诚为顾客服务。不管这种解释是否牵强,培罗蒙始终以纯熟的技艺、上乘的质量、热诚的服务为宗旨,并在同业竞争中脱颖而出,这是事实。

"经商靠人气,生意靠地气",许达昌深谙这一道理,从"许达昌西服店"到"培罗蒙",从北四川路,最后到南京路,如此不厌其烦,一迁再迁,目的只有一个:他需要占据人气旺盛的黄金地块。南京西路284—286号靠近大光明电影院,许达昌清楚进大光明电影院看戏的多数是有"身份"有地位之人,所以不惜血本租了这一双开间1楼至3楼的店面,1楼为商店,2楼为工场,3楼为住宅。他请当时上海最有名、装修风格最新潮的时代装修公司装潢门面和营业场所。装修后的培罗蒙气派不凡,两面全是落地大玻璃窗,自动玻璃门,铮亮光滑的打蜡地板,店堂内的橱窗陈列和店员活动情况,过往行人都能看得一清二楚。因此,每天在人流量最大,即华灯初上和电影散场后,培罗蒙店内灯火辉煌,店员个个身着笔挺西装,系领带,挂皮尺,微笑迎客,站立服务。而许达昌身穿一件白色大衣,在敞亮的灯光下,在众人的注视下,开始裁剪当时最新式的西装。许达昌的这一举措确实不凡,它就如一幅别出心裁的品牌广告,给经过培罗蒙的人们留下深刻的印象,从此培罗蒙的名声越来越响亮。

二是确保一流的西服质量。

为确保西服的高质量,许达昌时时把握两个关键:面料和工艺。

面料的质料与西服的档次和价位有着直接的联系,培罗蒙使用的都是从英国进口的套头面料,包括必需的辅料和衬料。进口的面料一般为高支数(150支),柔软滑实,做成西装光滑挺括,穿在身上潇洒庄重。为了解决材料积压过时或材料供应不上等问题,培罗蒙采取按季进货的办法,主要依托英国在上海的代理洋行,有时也向老合兴、益兴和美发洋行进货。为防止面料缩水,先预缩。如夏季凡立丁面料,质地薄,收缩性大,裁剪前把料子泡在温水中,晾干后再裁剪。

对于工艺,许达昌一再强调,缝制西服不求迅速,重在工艺质量。培罗蒙缝制1件西服,往往要7个人工,行内称为"七工师傅",其中面料熨烫覆衬需冷却24小时以上,辅料热缩、水缩2次;缝制上,各道工艺流程、各项制作技艺,全过程不下60小时,制作的服装无一不平、直、挺,当然价格也不菲,最好的英国呢西装,1两黄金也只能做两三套。量体裁衣、度身定制是红帮裁缝店的特色,但培罗蒙在这方面又有其独特之处:一般店家在为顾客量体后,先根据尺寸剪出纸样,然后照纸样裁剪。但是培罗蒙的工序却要复杂得多,它先根据度量的人体尺寸裁剪缝制出一个毛壳,以这一毛壳为"样子"让顾客试穿,修改,再试穿,再修改,有时需试样三四次,直到顾客满意;然后再按照"样子"剪出纸样,再根据纸样裁剪、缝制。因此,培罗蒙制作的西服,不管体型如何,都能做到穿着合身、舒服。许达昌的大徒弟戴祖贻曾经这样描述他师傅高超的服装制作技艺:先生裁剪方法特别,和普通的不同,在他那里,不同顾客有不同的纸样。他做一套双条纹的西服,各部位的线条都是对直的,一般裁缝达不到这样的水平,但他能做到。[6]

三是招揽人才,培育高徒。

在培罗蒙,如许达昌般拥有高超的工艺技术的服装师傅不止一个,这也是培罗蒙成功的法宝之一。许达昌深知商店要生存要发展,必须有几个技术过硬的当家师傅。因此,自培罗蒙诞生起,他就在物色或培养服装裁制高手。或者在上海同业中选择人才,以充实培罗蒙的力量。如陈阿根师傅,因其手艺好,许达昌就用高薪将其请进了培罗蒙。或者从外地,如哈尔滨等红帮裁缝云集的名城引进人才,他曾引进了在哈尔滨有"四大名旦"之称的西服技师。或者自己培养:"培罗蒙先生"戴祖贻是许达昌的第一个徒弟,被许达昌委以重任,后来为培罗蒙做出了卓越的贡献;蒋家垫18岁跟随许达昌去香港,心无旁骛,一直做到退休,被香港媒体誉为"裁神"。

正因为许达昌深知用人之道,培罗蒙精英荟萃,人才济济。当时的培罗蒙,不仅拥有号称上海西服业"四大名旦"的王阿福、沈锡海、鲍昌海、庄志龙等工艺技师,还拥有"四小旦"方阿土、吴德才、阿根、阿阳等上等技师,这些人个个身怀一技之长,能够独当一面,对各种礼服、大衣、马裤的制作都不在话下。一般西服店难以制作的马裤,在培罗蒙却是其一大优势,戴祖贻在许达昌的指导下,成了裁制马裤的高手,在当时的上海服装界颇负盛名。

四是明确客户定位。

培罗蒙的成功还与其准确定位客户有直接关系。20世纪二三十年代的上海,尤其是南京路一带,西服商号林立,竞争相当激烈。许达昌自创立培罗蒙开始,就高瞻远瞩,高起点、高要求,敢于承担高风险、高压力,将消费群体锁定在上流社会,包括驻华洋人、军政要员、商贾巨子、社会名流、文体明星等,他想借这些有钱有地位有影响的服务对象提高商号的知名度。这是一群要求苛刻的消费群体,所以,许达昌要在经营环境、材料、工艺、人才等方面比其他普通商家付出更多努力,投入更多财力。正因为一切以"高"为准则,所以,培罗蒙的影响越来越大,店员的技术水准也越来越高,高层次的消费群体圈子越来越大。2008年戴祖贻在上海曾经自豪地告诉记者:"当年上海滩做西装的,'培罗蒙''亨生''启发''德昌'算'top'(头挑),南京路上还有六大裁缝店,叫'王兴昌''荣昌祥''裕昌祥''王顺泰''王荣康''汇利'。如今,就剩'培罗蒙'一家了……"[7]这正是许达昌高瞻远瞩的成果。

培罗蒙就是这样,以独到的眼光确定自己的消费群体。在上海时,有一次"电影皇后"胡蝶的丈夫潘有声来培罗蒙做西装,穿后感到非常满意,于是又介绍《中华日报》的经理林柏生也到店里做衣服,也非常满意,口碑相传,生意越来越好。后由林柏生介绍到店里来的客人中有许多国民党的要人,如何应钦、宋子文、阎锡山、桂永清、张治中、蒋廷黻、张群等。后来因为时任外交部部长张群的关系,外交部大使、公使和出国人员的一切行装,都由培罗蒙承包。京剧表演艺术家程砚秋、李少春也是上海培罗蒙的常客。给这些高层人物做衣服,无形之中增加了许多压力,但许达昌却将压力化为动力,敦促员工不断地学习先进工艺技术,提高自身的业务水平和能力,以客户满意为绝对的标准,树立培罗蒙的形象,创出培罗蒙的牌子。

许达昌确有善于经营的精明头脑和一丝不苟的敬业精神。在 20 世纪 30 年代,上海已经融入国际时尚风潮,在这一大舞台中,许达昌精心打造经营环境,不拘一格选用人才、培育人才,以高质量、高水平,确保得到高层次客户的长期青睐;由于许达昌精明的经营,培罗蒙以制作英式绅士西服、摩登礼服、燕尾服、晚礼服、骑士猎装、马裤等西式男装为特色,在众多中外同行中脱颖而出,成为西服定制的"头牌名旦",被人们称为沪上"西服王子"。

许达昌造就了"西服王子"培罗蒙!

二、在香港:许达昌将培罗蒙推向世界服装舞台

培罗蒙在上海经营了将近 30 年后,1948 年,许达昌带着培罗蒙的几位师傅来到香港,以他独到的眼光,相中了一块黄金宝地,开设了香港培罗蒙公司。这家公司在许达昌的努力下很快成为"世界五大西服店"之一。

许达昌将培罗蒙迁移到香港,是一次颇具发展谋略的战略性迁移。[8]

第一,20 世纪 40 年代末,正值第二次世界大战结束不久,新中国即将成立。此前,历经北伐战争、抗日战争、解放战争,中国经济萧条,百废待兴。在中国共产党的领导下,全国人民以艰苦奋斗为基本生活准则,时装市场尚待培育。

第二,西装面料比较讲究,一般以进口为多。缝制过程中有很多环节需要手工操作,甚至全部纯手工制作,因此,成本较高。而且培罗蒙服务对象中有不少人在 20 世纪 40 年代末已经或准备移居香港等地。所以培罗蒙的迁徙是有必要的。

第三,在国人对西服需求量大幅度减少的同时,中山装却因其用料随意、设计更符合国人的文化心理、成本较低等原因而得到了大普及、大提高。当时全国城镇中,广大人民群众、干部、知识分子都可以根据自己的意愿和条件,选择各种各样的布料做成中山装及其演绎出来的军装、学生装、职业制服等。尤其是红帮裁缝为毛泽东主席和周恩来总理制作了中山装以后,中山装更是风行全国。不少红帮服装店在做西装的同时,也做中山装等其他服装,而且制作中山装成了红帮在这一历史时期的主要工作。

许达昌和红帮裁缝们之所以选择到香港重新开创事业,还有另外一些深谋远虑。

第一,香港具有优越的地理环境。它北连中国内地,南邻东南亚,东濒太平洋,西通印度洋。对内,香港背靠内地,水陆交通十分便捷,易于得到内地人力、物力的支持。对外,香港处于亚太地区交通要冲,为东西半球及南北交往的交汇点。是欧洲、非洲和南亚通往东南亚的航运要道,又是美洲与东南亚之间的重要中转港,是欧美、东南亚进入中国的重要门户,也是国际经济与中国内地联系的重要桥梁。

第二,香港具有特殊的经商条件。尽管香港是一弹丸之地,缺乏资源,但它有着特殊的经商条件。1841 年英军强占香港后,同年就宣布香港为自由港,允许各国商船自由进出,并在岛上开辟商业区让各国商人自由贸易,1843 年,香港就有 18 间大商行与数十家小洋行从事转口贸易。

第三,香港工商业发展具有千载难逢的历史机遇。20 世纪 40 年代以前,香港几无工业可言。1934 年,港岛与九龙共有小型工厂 419 家,总资本约 5100 万港元[(9)]。其中制衣业只有几家"家庭式的山寨厂",生产童装、女裙。其工商业的发展水平远不及上海,甚至落后于广州、武汉等城市。

第二次世界大战中,香港经济更是遭受了严重损失,战前建立起来的工业大部分被日军破坏,外贸基本处于停顿状态,港人纷纷逃离香港,人口从战前的 160 多万急剧降为 60 万,致使香港资金、劳力奇缺,经济萧条。第二次世界大战后,香港利用自身的港口优势,以外贸和航运为主业,大力发展转口贸易。到 1947 年,全港登记注册的工厂竟达 972 家[10],比 30 年代增加了两倍多,香港经济处在全面恢复、迅速发展阶段。

许达昌明白香港优越的地理环境和特殊的经商条件,也看到了战后香港无限的商机和发展的空间,于是,他做出理性的选择:以香港为阵地,以服装贸易为手段,建立面向世界的大市场。

著名宁波帮企业家王宽成说:"搞经济必须有政治头脑,就是说,要胸怀全局,要有战略思想、长远眼光,随时要耳听六路,眼观八方,善于适应各方面的变化,大胆果断地捕捉战机,把握机遇。"[11] 这段话是对移师香港的包括许达昌在内的红帮人士的最好概括。

以许达昌等为代表的红帮人紧紧把握住了香港初露端倪的商机,香港制衣业则迎来了培罗蒙这样的主力军。香港的制衣业,正是由许达昌等人开辟道路展翅起飞的。

据香港服装业总工会提供的资料,1950 年,全港有制衣机构 41 家,制衣企业雇员为 1944 人,1955 年增至 99 家,1960 年增至 970 家,雇员增至 51981 人,1965 年增至 1510 家[12]。像当年在上海一样,红帮人成为香港制衣业的开拓者,成为香港工业革命的一支主力军,香港制衣业因此而迅速起步并发展。

自 20 世纪中叶开始,服装贸易已成为香港向世界拓展的重要渠道,东南亚诸国、日本、英国、美国、德国、加拿大和非洲一些国家和地区,都已成为香港服装的主要市场。其中外销的西服主要是红帮产品。自 20 世纪 60 年代起,香港的制造业取代了转口贸易业的主导地位,制衣业占整个制造业的三分之一。从生产、经营理念到经营方式全面进入世界时装大都会的行列,"香港制造"成为设计时尚、品质优良、价格适宜的标志。20 世纪 70 年代初,成衣出口总值已达到 43 亿港元,80 年代进入黄金时

红帮名人名店传略

期,出口总值跃居世界成衣出口之首,1990 年,出口总值超过了 100 亿港元。其中美国一直是香港服装的主要出口国,1960 年出口美国的服装已占香港服装出口总数的 31%,1985 年增至 55.2%。[13] 所以,陈瑞球在《香港服装史·序言》中说:"制衣,替本港工业创造了奇迹。"更有学者断言:"香港之所以能变成巨大的制造业中心,是因为 1949 年从上海移入的工业家之故。"[14]红帮人是这些"工业家"中的一个颇有影响的群体,许达昌是这一群体中一位杰出的代表。《香港服装史》亦明确指出:"香港西装与意大利西装同被誉为最具有国际风格和最精美的成衣,全因香港拥有一批手工精细的上海裁缝师傅。"所谓"上海裁缝师傅",其主体就是众多如许达昌这样拥有高超的技术水平的红帮师傅。对此,凤三的《上海闲话》是说得很清楚的:"在旧日上海,男子西装裁缝称'红帮裁缝',以宁波人最占势力。目前香港的'上海西服店'亦俱宁波人开设,一级、二级用上海裁缝无疑,即宁波裁缝。"

许达昌到香港后,先在思豪酒店二楼设立培罗蒙的营业场所,工场设在北角七姐妹道,后搬到雪厂街太子行发展,后又迁到遮打道的于仁行,最后落脚在皇后大道的嘉轩广场。几次搬迁,选择的都是寸土寸金的地段。这是许达昌经营生意的一贯谋略。在上海时,他就不惜重金为成就"西服王子"而营造经营环境;到了香港,同样以其较强的实力打造环境优势作为招徕顾客的手段之一。

初到香港的培罗蒙,在经历了 10 年左右的艰苦创业阶段后,于 20 世纪 60 年代迎来了手工裁缝的鼎盛时期。这一时期是服装贸易繁荣时期,各红帮服装公司通过外贸与世界服装市场建立了广泛的联系,真可谓"生意兴隆通四海";又因为正值"越战"时期,美国战舰频繁停留香港,大批美国水兵看中香港低廉的物价,于是为美国水兵做西装成了红帮裁缝一宗大业务;同时,香港洋服也兴起做"带货"。所谓带货,就是替来港的各国政要、文体明星及商人缝制高级西服,成衣后,或邮寄,或托人捎带,故名之。这些带货必须严格按照顾客的要求定做,有的根据顾客寄来的照片和尺码缝制,要求缝制精细。

克拉耶夫斯基、里茨曼合著的《运营管理：流程与价值链》中说，在香港的红帮服装名店"坚持高品质及独特的个性化设计，并以快速的交货期为顾客服务"，因此被购物者视为"个性化定制的天堂"。澳大利亚《金融》杂志认为红帮服装店是"香港最好的裁缝店"[15]，而培罗蒙则被海外媒体赞为"最正宗的上海招牌"。香港培罗蒙的客户中，名流如云：包玉刚是培罗蒙到香港后最初的客户之一，每逢出埠做生意，他都会提前 2 个月来定做西服；邵逸夫是培罗蒙的长期客户，与他同来的还有利国伟、许世勋、李文正等；亚洲首富李嘉诚做西服，培罗蒙派师傅上门服务；还有董建华父亲董浩云、荣毅仁父子、美国总统克林顿……培罗蒙成了超级富豪和名流们的专门服装店。

以"最正宗的上海招牌"来称道香港培罗蒙，实乃名不虚传。

许达昌一直坚持一个准则："在'培罗蒙'这块招牌下，我们的西装要坚持传统，要贡献真正高级的西装。"培罗蒙移师香港后，正是依靠红帮的传统特色独树一帜，远播声誉，辉映国际服装界。

在培罗蒙度身定制的西服，每一件都是精美的工艺品。尤其在"手功"（见图 3）这一关上，更是一针一线，"精雕细刻"，力求完美。培罗蒙西服所有关

图 3　培罗蒙的"手功"

键部位都用手工缝制，有的甚至是纯手工缝制。马鬃毛衬、胸棉、黑布、领和襟的内面等，不但均用手缝线缝合，而且每个工序完成后均进行小熨，满意后才进入下一道工序。领、袖手缝匀称、自然，保证永久不变形；各个缝合部位都要求对花对纹，纹丝不差。钮孔均用手工缝锁，锁眼要求严格，一个熟练的手缝工人一件西服锁眼工作也要几个小时才能完成。

除此以外，拥有"裁缝专家"，即技艺卓越的裁剪师、缝纫师，也是香港培罗蒙成功的一大秘诀。蒋家垫就是培罗蒙的一位裁缝专家，他是许达昌的嫡传弟子，既握有培罗蒙西服"祖传秘方"，又有丰富的实践经验。他

于 1948 年随师傅许达昌到香港,在师傅的精心指导下,他心无旁骛,一心制衣,声誉极高,香港媒体称之为"裁神"。他坚持所有的工序都由手工缝制,对西装的衬里,很多店都是经机器缝制后再熨平,初穿时挺括,但几次水洗后,衬里就会起皱;而蒋家埜缝制的西装,久穿、水洗都不会走样,这也是"培罗蒙"品牌不倒的因素之一。蒋家埜曾为国内外许多名流做过西服,包玉刚、邵逸夫、李嘉诚、荣智健等都是他的常客。

因为许达昌具有远见卓识,大胆果断地捕捉商机;因为培罗蒙坚持高品质,坚持独特的个性化设计;因为蒋家埜这样的"裁神"坐镇培罗蒙……香港的培罗蒙不但享有"最正宗的上海招牌"的美誉,而且进入了"世界五大西服店"的行列。

许达昌将培罗蒙推向了世界服装大舞台。

三、在东京:许达昌毅然确定培罗蒙接班人

在许达昌的谋略方阵中,香港只是培罗蒙创业的一个点,或一处新家园,培罗蒙在此安营扎寨,其目的是为了借助这里向世界其他地方辐射开去,寻求有利于培罗蒙拓展的新市场。1950 年,许达昌相中了第一个辐射点——日本东京,在东京富国大楼设立培罗蒙分店。

日本东京、横滨等地,原是红帮裁缝的旧地,也是红帮事业起步的地方。一个多世纪以后,在 20 世纪 40 年代末,红帮裁缝又重新踏上了这块土地。

20 世纪 40 年代末,日本因侵略战争给自己带来了深重的灾难,经济几近崩溃。从 1948 年起,由于国际形势的变化,特别是在中国共产党的领导下,解放战争取得节节胜利,美国开始把控制亚洲局面的赌注重新押到日本身上,变削弱日本为扶植日本,试图通过重振日本、武装日本来抗衡亚洲的共产主义浪潮。1950 年 6 月朝鲜战争爆发,美国把日本作为军事基地和战略物资供应基地,东京随处可见各国军人,还有各国商人们出入来往。这些外国人为东京成衣业的发展带来了机遇。

许达昌于 1950 年初在东京富国大楼开设培罗蒙分店。是年 7 月,他的身体状况堪忧,谁来接替自己管理培罗蒙呢?这一严峻的问题摆在许达昌的面前。按照传统的习俗,一般会传给自己的亲人,或子侄,或兄弟,很少会传给一个外姓人。但是许达昌对此有着与老一辈截然不同的观念,作为新一代的红帮人,他已经跳出了家族利益这一狭小的圈子,而是从培罗蒙事业发展这一大局出发,他需要的是一个能够让培罗蒙的事业更加兴旺发达,让培罗蒙的名声更加响亮的人才。这一人才其实许达昌早就物色好了,而且在他还是学徒的时候就有意地培养他,他就是许达昌的大徒弟戴祖贻。在危难之际,许达昌毅然决定授命戴祖贻接替他掌管日本的培罗蒙;更令人惊叹的是,1969 年,许达昌竟然将日本培罗蒙的所有资产全部转让给戴祖贻。而戴祖贻不负业师所望,全心全意经营培罗蒙,不但使培罗蒙生意兴隆,享誉日本,而且吸引了其他许多国家各界名人要人的关注和光顾。如果说,在香港,许达昌将培罗蒙推向了世界服装舞台,那么,在日本,戴祖贻带着培罗蒙站在世界服装舞台上出色地完成了他们的表演。也正因为这样,戴祖贻被人们称为"培罗蒙先生"。

许达昌是伯乐,戴祖贻就是"千里马"。日本培罗蒙的兴盛与戴祖贻这匹"千里马"是紧紧联系在一起的。

戴祖贻,宁波镇海县霞浦镇戴家村(今属宁波市北仑区)人,1934 年 6 月,年仅 13 岁时他就到上海培罗蒙拜许达昌为师。他是许达昌也是培罗蒙的第一个学徒,当时店堂只有绍兴来的沈先生和戴祖贻两个帮手,从早到晚十分忙碌。他时时处处留心师傅的裁缝诀窍,不懂就问,学了就做,废寝忘食,直到弄懂为止,强烈的求知欲望,使他很快掌握了西服缝制技艺。

当时培罗蒙的顾客除上海上层社会人士外,还有英、德等国的银行家,商行的高级职员。为了摆脱语言交流的困难,戴祖贻遵守店堂的规定,到营业打烊后,就刻苦学习英语。由于戴祖贻的聪明和刻苦,他得到许达昌的器重。1936 年起,许达昌先后结识了国民党南京政府的几位达官显贵,他多次派戴祖贻到南京为这些军政要员量体定制服装。这样,戴祖贻穿行在南京政府的有关部门和官员的别墅之间,试样,交货,度身,接货,谨小慎微,精益求精,不敢有丝毫懈怠。实践的磨炼,不仅提升了他的业务水准,也让他获得了经营生意的经验。许达昌有心栽培他,还送他到顾天云担任校长的上海市西服工艺职业学校深造半年。

经过10余年的磨炼和积累,戴祖贻不但增长了知识,学到了西服裁剪制作技艺的精髓,而且丰富了人生阅历,积累了经营经验,这些都为他以后在日本独自撑起培罗蒙的事业奠定了扎实的基础。

1950年戴祖贻受命于业师,随即朝鲜战争爆发,来来往往的商人和途经日本赴朝鲜半岛的军人,都看好日本东京成衣业的价廉物美,纷纷上洋服店定制西服。培罗蒙很快便在东京众洋服店中脱颖而出。有了资本以后,戴祖贻便扩充店面。正在这时候,红帮名师顾天云来日本寻找创业的机会。顾天云懂日语和英语,裁剪缝纫样样精通,戴祖贻以学生和朋友的双重身份盛情邀请他一起管理培罗蒙。经过几年的打拼,培罗蒙在东京的影响力与日俱增。

戴祖贻经营培罗蒙秉承了师傅许达昌的经营之道:注重经营环境、服装质量,把握商业机遇,还有就是注重名人效应。在日本的培罗蒙主要客户多是生活在日本的外国商界巨头及外交官员。日本演员高仓健,体育界巨星王贞治,也都是培罗蒙的客人。

1963年,因富国大楼改造迁移,培罗蒙迁到东京北青山。1964年,奥运会在东京举行,世界各国的运动员、观众纷至沓来。培罗蒙高级的面料、精湛的工艺、周到的服务、适中的价位像磁铁一般,吸引着世界各地的人们,他们纷纷走进培罗蒙度身定制西服。戴祖贻带领着培罗蒙的员工一丝不苟地赶制了一套套精美的西服。当他们将这些培罗蒙西服如期送到客人手中时,凭着辛勤的劳动和出色的工艺,不但得到了丰厚的利润回报,而且也赢得了一声声真诚的赞美。培罗蒙的美名更是远扬天下。

1990年,新建的东京帝国饭店开业,帝国饭店是日本的第一饭店,也是全世界的顶级饭店之一。光临帝国饭店的宾客,不是日本的皇族、权贵,便是来日本的各国重要人物,多国大使馆的外交人员。这些人物的着装都是高级的西装。60多岁的戴祖贻又一次捕捉到了商机,为了在帝国饭店争得一席之地,戴祖贻不惜重金,租用两间80多平方米的铺面,作为培罗蒙营业之用。在帝国饭店附近另租一个工场,作裁剪和试样之用。帝国饭店内的培罗蒙营业厅装修新潮,环境舒适;西服样品款式时尚,面料高档,因而引来了大批客人。

经营这样一家高级西服店,戴祖贻自然有不少窍门,其中重要的一条是:尊重顾客,奉行"顾客永远是对的"原则。值得一提的是,培罗蒙的收款收据是自己设计印刷的,收据的最上方写的是对客人的感谢之语,以示敬意。戴祖贻曾经说:"名誉的损失比任何金钱方面的损失都要大。"

几十年间,培罗蒙先后为美国总统福特、日本内阁大臣及商界领袖、20多国驻日本大使、日本的文体明星等精制了数以万计的西装。在这期间,戴祖贻和很多客人结下了深厚的友谊(见图4)。福特在培罗蒙先后做过很多衣服,先是亲自上培罗蒙定制,后是做带

图4 戴祖贻与美国总统福特的合影

货邮寄过去,最后是邀请戴祖贻去美国为他定制。福特曾送戴祖贻一副有美国国徽标志的袖口纽,一幅他在白宫的签名照片,每年年底,还会特地给戴祖贻寄贺卡。韩国三星的创始人李秉喆会长也是培罗蒙的老主顾。因为他的身材是"特别"的平肩,戴祖贻就替他特别加工,做成普通肩。李秉喆曾特地请戴祖贻到韩国工厂参观指导一星期。

在丰厚的经营利润和极高的社会知名度面前,戴祖贻立志攀登世界西服的高峰。他经常出洋考察服装市场,充实提高自己。戴祖贻每年亲自到英国、美国、法国、德国、意大利、西班牙、瑞士等国家参观服装展览会,学习特殊工艺;回到日本后,便以各种方式向消费者传达西方时尚服饰的信息。与日本服饰市场联姻,将培罗蒙作为交流平台,经销世界名牌服饰,便是众多方式中的一种。

在日本,培罗蒙第一家经销获英国女皇嘉奖的"Aquaotum"(名店)皇家出品的现成大衣和西服,原定一年推销 200 件,后来超过 2000 件。其中不少款式为各位贵宾所钟爱。培罗蒙还经销意大利 Balvest 成衣工厂出品的名牌西服,取名"Bailitti",一年定制数十套,价位在每套 20 万日元上下。名牌西服、名人效应、名牌商店,培罗蒙的生意自然越来越红火、名声自然越来越响亮,戴祖贻的名字也伴随培罗蒙品牌在亚洲、欧洲、美洲传播。

日本的培罗蒙因为戴祖贻而名扬世界,戴祖贻因为许达昌而成就大业。上海电视台记者在纪实频道采访戴祖贻时,他曾哽咽着说了这样一段话:"我在父母身边 13 年,在老师身边 20 年,我们一起生活一起做事,我感谢我的师傅许达昌,有他的关心方才有我今天的日子。'培罗蒙'就是我的生命。"

红帮发展史纲要

【注释】

(1)关于许达昌经营西服店的时间、地点有多种不同的说法。2003 年出版的《红帮服装史》(季学源、陈万丰主编)认为:1928 年在上海北四川路独资创办许达昌西服店,1932 年搬到南京路新世界楼上营业,1935 年迁至南京西路,改名"培罗蒙西服店",同年又迁至南京西路 284 号。2007 年出版的《中国红帮裁缝发展史》(上海卷)(陈万丰主编)认为:1919 年,借南京路、西藏路的新世界附近街面房开设许达昌西服店,1932—1933 年间搬迁至南京西路 735 号,改店号为"培罗蒙"。本文采用的是 2005 年出版的《宁波帮与中国近现代服装业》(宁波市政协文史委编)的观点。

(2)根据季学源、陈万丰《红帮服装史》,宁波出版社 2003 年版。又根据上海电视台纪实频道采访戴祖贻先生时戴先生的谈话。

(3)《申报》1912 年 7 月 15 日。

(4)《大公报》1912 年 6 月 1 日。

(5)季学源、陈万丰《红帮服装史》,宁波出版社 2003 年版。

(6)(7)尤莼洁、吴卫群:《"培罗蒙":手工缝制 80 年》,《解放日报》

2008 年 3 月 10 日第 5 版"新闻视点"栏目。

(8)(11)(12)(13)(14)(15)季学源:《红帮的一次战略性转移——香港红帮考察报告》,《宁波服装职业技术学院学报》2004 年第 4 期。

(9)(10)转引自夏英杰:《战后香港经济的腾飞及其成因探析》,《政法论坛》1998 年第 1 期。

【主要参考文献】

[1]季学源、陈万丰主编:《红帮服装史》,宁波出版社 2003 年版。

[2]宁波市政协文史委编:《宁波帮与中国近现代服装业》,中国文史出版社 2005 年版。

[3]宁波市政协文史委编:《宁波帮研究》,中国文史出版社 2004 年版。

[4]陈万丰主编:《中国红帮裁缝发展史》(上海卷),东华大学出版社 2007 年版。

[5]陈万丰编:《创业者的足迹》,宁波服装博物馆 2003 年 9 月编印。

[6]陈高华、徐吉军主编:《中国服饰通史》,宁波出版社 2002 年版。

[7]宁波市鄞州区文广局、宁波服装博物馆:《红帮裁缝与宁波服装研讨会文集》,2009 年 10 月编印。

[8]安毓英、金庚荣:《中国现代服装史》,中国轻工业出版社 1999 年版。

[9]张竞琼:《西"服"东渐——20 世纪中外服饰交流史》,安徽美术出版社 2002 年版。

[10]季学源:《红帮的一次战略性转移》,《宁波服装职业技术学院学报》2004 年第 4 期。

[11]夏英杰:《战后香港经济的腾飞及其成因探析》,《政法论坛》1998 年第 1 期。

[12]尤莼洁、吴卫群:《"培罗蒙":手工缝制 80 年》,《解放日报》2008 年 3 月 10 日第 5 版《新闻视点》栏目。

硕果累累五十载——服装学专家包昌法

季学源

图1　包昌法

包昌法(见图1),是一位有卓越成就的服装学术研究者。他的人生道路富有独特性。他只有小学毕业的学历,但他通过刻苦自学、坚忍不拔的钻研和顽强拼搏,由一个少年红帮裁缝成长为一个出类拔萃的草根专家。其后,50年如一日的创新研发,使他在服装科学和服装文化研究方面,取得令人叹服的累累硕果。所以我们为他立传,让人们了解这位埋名草野几十年的宁波裁缝,学习他的奋发创业、不断创新的精神,也为有志青年提供一个励志坐标。

一、生平素描

包昌法,1932年冬生于浙江省宁波市北郊湾头乡包家漕村。父亲包协卿,少年时由亲戚带至上海,在一家烟杂店做学徒,满师后做店员,后曾失业,沦为小商。包昌法4岁时随母亲由宁波移居上海,后来进入上海市立唐湾国民学校读书,1947年小学毕业(这是他的最高学历)。其间,每年暑假,父亲都让他回宁波探亲认根,住在阿娘(宁波人称祖母为阿娘)家里。所以,包昌法虽然少小离家,成了上海人,但却颇受宁波传统文化的熏染。直至古稀之年,每谈起故乡,他都兴致盎然。特别是老家边上的那条清澈的姚江,在那里迂曲回转,形成一个"几"字形,风光很美。他总是说:"乘轮船到宁波轮船码头,下船经过草马路,很快就到阿娘家。阿娘家开门见河浜,可以在河浜里捉鱼钓虾……"亲情、乡情溢于言表。

包协卿和大多数移民上海的老一辈宁波人一样,既能很快融入上海的大都市社会生活,顺利接纳异质文化,又能执守宁波人固有的职业平等意识和崇实务实的价值观。在他们心目中,"家有万千财产,不如一技在手"的观点是根深蒂固的。包协卿也以这种观念教导包昌法,小学毕业后,即设法让他进上海祥生雨衣厂当学徒。雨衣业,和西装、中山装、衬衫等现代服装业一样,都是新兴的朝阳产业。移居上海的几代宁波人,很多人都是从事这一产业的。后来,人们统称之为"红帮裁缝"。随着现代服装业的迅速拓展,"红帮裁缝"这一群体概念渐渐宽泛化,除了裁缝师傅之外,还包括这一行业里的管理人员、勤务人员,甚至包括某些与红帮有关的绸缎布匹商店里的店员。以至于后来就以"红帮"二字概称从事现代服装业宁波籍人士了。包昌法所接触到的,正是这样一些"红帮"人。

包昌法秉承了宁波人的社会价值倾向,对现代服装业很有兴趣。他除了全神贯注地跟着师傅学艺之外,还坚持业余自学,对服装的排料、裁剪、打板,以及缝纫机的操作、保养和维修等,都极有兴趣,如饥似渴地学习这些方面的知识。上海解放了,他又到景华服装学校去进修,提高裁剪缝纫技能。1951年他从雨衣厂满师时,已经是一个既具有相当理论知识,又具有一定实践操作能力的青年艺工。厂里安排他当了车间收发员。

包昌法很踏实地沿着既定的职业之路迅速前行。他在用中学,在学中用,学得扎实,用得灵活。

时代为这个勤奋的青年艺工提供了提升自己的历史机遇。20世纪40年代,上海服装行业中,已开始引进美国的胜家公司的家用缝纫机,50年代开始推广使用,上海服装业由手工作坊式生产开始向工厂化、机械化生产转型。包昌法抓住了这个历史契机,对于既能大大提高生产效率,又能减轻工人劳动强度的缝纫机产生了极大的兴趣,看出了这种生产工具的广阔发展前景。在推广缝纫机热潮的激励下,包昌法产生了一个大胆的想法:写一本有关缝纫机的科技普及读物。他成功了! 这就是1952年12月由他完成的《缝纫机学习讲话》一书。这是一本适逢其时又非常实用的书,由上海正文书局出版后大受读者欢迎。此后12年间重版了4次(详见后文)。

初试笔墨中获得的成就感,对这个青年艺工的激励作用是巨大的,奠定了他坚定不移地在服装研究之路上走下去的信心和决心。

1956年初春,崭露头角的包昌法受到了上海市服装行业的关注,被调至上海服装公司技术研究室工作。

但是,在那个风波频仍的年代里,包昌法的人生之路岂能平坦? 在"反右派"的风浪中,包昌法被打成了"右派分子"。"一顶帽子压下来,拿他不动重如山!"然而,作为一个有既定人生目标的青年工人,包昌法并没有被此"山"镇住。1958年10月,他被下放到服装公司所属的上海第一衬衫厂缝纫车间劳动。他"方寸"未乱,坚毅地朝着"一技在手"的目标默默奋进。从《缝纫机学习讲话》的成功中,以及后来的渐入高层的累累科学研究成果中,可以鲜明地看出,他已开始进入"坚忍不拔"的人生境界。50年后回忆这段不堪回首的岁月时,他笑容可掬地说:"被打成'右派'是不幸的,但回到基层劳动,在生产实践中我有机会积累更多的服装制作经验,这有利于我后来的研究工作。"就是说,这段人生逆境,形成了一种倒逼机制,这种倒逼机制又与发愤图强的心志叠加共振,产生出一种新的人生动力。

在缝纫车间做"打样"工作期间,他没有把这种劳动简单化,而是边工作边思考怎样把几何学原理运用到服装设计中去,找到其中的固有规律。这种结合实践的思考,为他后来在服装设计方面的系统性研究,奠定了厚实的基础。

1960年,他头上的那顶"帽子"被摘下来了,但仍在车间劳动。"位卑未敢忘忧国",而且境况毕竟有所改变,他适时调整了自己的奋斗计划,开始致力于服装科学文化的研究工作。

20 世纪 60 年代初,国民经济遭遇了严重困难,全民动员,展开了声势浩大的增产节约运动,共克时艰。上海服装行业积极响应,各式各样的创造发明和能工巧匠修旧利废的点子层出不穷,人人相忍为国,主动为国分忧。于是,原来做一套中山装要用 1 丈 5 尺布料,通过精打细算、巧妙安排,只用 1 丈 2 尺 5 寸就够了;一件新衣服被虫咬了一个洞,就有裁缝在洞口边绣上一朵花,不但破洞被掩盖住了,而且为衣服平添了亮点,令女主人喜出望外;孩子长大了,连衫裙穿不来了,就有裁缝师傅将之拆开,镶上漂亮的花边,一件整旧如新的连衫裙令小姑娘赞叹不已;一条男式旧西装裤,竟可以改出女裙、儿童大衣等 20 多种衣服来……这些别出心裁的创举,在服装设计大师们眼里,也许是微不足道的,是"小儿科",但在草根服装研究者包昌法的心目中,却是意义重大的。他不但关注、赞赏这些新人新事,而且力求加以宣传、推广。于是,他就给上海科教电影制片厂写了一封建议信,希望把这些先进事迹、先进经验推上银幕,加以宣扬和推广。上海科教电影制片厂认为这个选题"很好",很快列入制片计划,并且派厂里 2 个编导人员来帮助包昌法,完成了电影剧本《巧裁缝》的写作任务,并很快投入影片拍摄制作,当年就在全国科教影片展中放映,获得全国服装界的认同和广大观众的热烈欢迎,迅速产生连锁反应,有力地推动了增产节约运动的开展。

这位草根研究者再次获得成功,又一次有力地鼓舞他从事服装研究的信心和决心。1963 年 6 月 9 日,包昌法在《大公报》上发表的《剪刀下的科学——科教影片〈巧裁缝〉拍摄前后》一文中写道:"每听到这方面消息,我真是高兴极了!""我个人的感受和体会是很深的。""首先感到的是,在我们的新社会中,不论任何工作都是有出息的,看看都是平凡的劳动,而其中却都大有学问。"这个感受,既来自回顾,也来自对自己服装研究工作前景的展望。他认定了:剪刀下有科学!

由此,包昌法在全国同行中,已经小有名气。

此后,他一直在关注服装行业勤俭节约的问题。1980 年轻工业出版社出版了他的《服装省料法》一书,次年,这家出版社又出版了他的《巧用边角衣料》一书。同年 10 月 11 日,《人民日报》又发表了他的《大小材料联用》一文,建议边角零料综合利用。

1978 年 10 月,包昌法终获彻底平反,回到原工作岗位上。这时,服装公司技术研究室已改组为上海市服装研究所。由于在衬衫厂 20 年坚持不懈的积累、探索,回到研究所后,他很快就取得了新的科研成果。而且势若井喷,不但著述甚丰,硕果累累,而且成就非凡,影响深远(详见后文)。

1984 年初,包昌法受服装公司委托,去公司下属的上海市服装公司七二一大学筹办大专班(后改称上海纺织职工大学,隶属上海市纺织局)。自此包昌法的研究工作又开拓了一个新的领域:服装职业教育教材编撰,同样取得了累累成果。1985 年 6 月,他被聘为上海市服装协会理事。从这一年起,他参与了服装培训、服装科技传授和服装大赛活动,并应两所高校服装系之聘从事教学工作。

1991 年 8 月 30 日,这位老专家终被评为高级工程师,第二年就退休了。

1992 年 2 月,上海市纺织工业局授予他"从事纺织(服装)技术工作三十年"荣誉称号。

1992 年 2 月,包昌法退休。从此,他被"投闲置散"。那么,包昌法过起种花、遛狗、打太极拳的闲适生活了吗? 不! 他依然一如既往,满腔热情地从事着服装科技和服装文化研究活动,多项重要成果都是退休以后取得的。迄今,他已出版近 40 种服装专著。他正在创立"霜叶红于二月花"的人生奇观。

二、科研活动和成果一览

20 世纪 20 年代以来,红帮前辈就十分关注服装科技和服装文化研究对我国服装现代化的导向意义。惟其如此,他们才成长为我国服装创世纪的领军人物,才担当起树立我国服装革新新里程碑的历史使命。老一辈的宁波本帮裁缝,生意做得不可谓不大,技艺不可谓不高,明清之际,他们已成为北京成衣行业的第一块牌子。但他们缺乏历史使命感,只有经验,没有理念;只知守成,不思革新。随着社会变革的深入,到20世纪初,他们只能退出历史舞台,让位于红帮裁缝。包昌法从跨进服装界开始,就走上了红帮开拓的新的历史道路,而且是那样地心无旁骛,一往无前。还是一个不到20岁的青年工人,他就写出了他的第一本关于缝纫机学习的书。也许他自己当时并没有意识到这本书的重要意义。他的第一本书,也是我国第一本较为系统地介绍缝纫机的书,是一部恰当其时的书,它推进了我国服装生产方式的转型。20世纪40年代,上海的红帮人开始引进、使用胜家牌缝纫机,至50年代已经逐步推广。这就产生了缝纫机基本知识学习、运用的一系列问题。作为有心人、有志者,包昌法很敏感,于是,一本非常适用的科普读物应运而生。惟其非常适用,产生了巨大的科普价值。1959年又由中国轻工业出版社更名为《缝纫机的使用与保养》再版,1963年又受到中国财经出版社的青睐,再次出版发行。1964年又出版了增订本,书名改为《家用缝纫机的使用与保养》。这本书的出版发行进程,已经充分表明这本书的意义。包昌法自然也受到启迪,成就感策励这个青年工人奋发前进。

使包昌法再次受到鼓舞的是科教影片《巧裁缝》的剧本编写和影片拍摄的顺利完成以及成功发行。这部科教片在新中国的增产节约运动中是立了大功的。它在全国引起广泛而热烈的反应,效法和推广者在各地不断涌现出来。这使包昌法从事服装科研的信心倍增,研究方向更加明确。1978年平反后,从1980年至1989年,包昌法出版了2本节约布料的书和《时装缝纫要领》《服装知识漫谈》《穿着艺术》以及童装、新婚礼服等方面的图书近20种。这些图书都是和时代脉搏紧密适应的,都是非常贴近广大群众的日常生活需求的,因此都成为当时罕见的畅销书。其中,《服装省料法》一书发行了100多万册,《裁剪缝纫200问》由辽宁科技出版社出版,曾被评为"北方十省市优秀图书"二等奖。

红帮名人名店传略

当然,作为研究方向,包昌法的选题还有另一个方面:向纵深发展。20世纪90年代以后,他先后应邀参与了多种大型工具书的编纂工程,其中有《中国工艺美术大辞典》(服饰部分,1989年由江苏美术出版社出版)、《中国大百科全书》(服装鞋帽部分,1991年由中国大百科全书出版社出版)、《中国服装大典》(任编委兼"服装生产篇"副主编,1999年由文汇出版社出版)。这些辞书都是学术分量很重的,多为国家级重点图书,均为学术界所重视。《中国工艺美术大辞典》一书曾获第四届中国图书奖二等奖等4个奖项。

向深度进展的另一个方向,就是积极从事基础性的综合理论研究,他先后完成了《服装学导论》(1998年由上海科技教育出版社出版)、《服装学概论》(1998年由中国纺织出版社出版)。这些"导论""概论"类著作,包昌法是严格按学科规范编撰的。他对前人和同时代人的有关学术研究成果加以综合研究,去伪存真,弃芜取精,汲取其真知灼见,和自己的研究成果熔为一炉,准确、清晰地加以表述,为读者和学生提供最新最正确最有生命力的基础理论,使之具有教科书的权威性。为了在现代服装改革探索中坚持正确道路,既不崇洋媚外,生搬硬套西式服装概念,也不食古不化,走复古道路;包昌法坚持洋为中用,古为今用的原则。为了强调这一原则,他在"导论"和"概论"中,都构设了《中西服装比较》一章,全面阐述中西服装各自特点、优点和缺点,使读者和学生明白,我们只应该学习传统文化中优良的东西、西方服饰文化中对我们有益的东西,而拒绝传统文化中有毒有害的东西以及西方服饰文化中不适合我们的东西,从而推陈出新,创造出有中国作风、中国气派,为中国老百姓所喜爱的现代化民族服装来。

至2005年,包昌法已出版的近40部服装著作、已发表的200余篇论文加在一起,已超过400万字。他的论文,亦如其著作一样,都是从服装现代化的历史进程中发现论题的,诸如服装设计、服装文化、服装时代性和民族性等问题,都是他始终关注的核心问题。他的论文,大体上都是能够回答服装发展中提出的某些热点问题的,而不做从"宏观"到"宏观"的空头文章,更不做搬弄洋词汇以忽悠读者的伪论文。所以,他的论文中有不少曾经获奖,其观点有很多已为研究者、教科书编者所援引、采用。例如,《服装穿着贵在追求个性》1991年获第三届全国十家科普期刊优秀作品二等奖;《论服装时代感共性与民族化个性》1989年获首届全国服装基础理论研讨会论文二等奖;《论中西服装比较》1992年获全国服装博览会学术研讨会论文三等奖(本届不设一等奖);《论服装式样构成的文化内涵》1997年获第七届"凯托杯"三等奖;《论服装生产的设计定位》1997年获全国纺织教育协会论文评选三等奖。

三、科研特色初探

综观包昌法先生的科研活动历程和科研成果,显然是富有特色的。试述其要如下。

(一)脚踏实地,务实致用

他踏实继承、发展了红帮前辈"衣被苍生"的事业宗旨和务实致用的科研原则。50年如一日,他的服装科技和服装文化研究,总是顺应时代步伐,切合社会需求,脚踏实地,及时关注、回答服装业发展中提出的现实问题。缝纫机广泛推广使用时,他编写了《缝纫机学习讲话》一书。如前所述,这本书的价值是不应忽视的,它是我国服装从业者的启蒙读物之一。20世纪60年代初的经济危难时期,包昌法忧国忧民,主动请缨,先后编写科教电影文学剧本《巧裁缝》等科普著作。这些作品都在全国范围内引起了广泛而热烈的反响,为服装行业的增产节约运动做出了重要贡献。在包昌法的科研活动中,这两部作品是有先导意义的。其后,为了适应服装业发展的新形势,他又陆续出版了《裁剪缝纫200问》《穿着艺术》等普及性读物,适时回答中国服装业蓬勃发展中出现的新问题。他把近代以来宁波人的崇实务实、"工商皆本"的价值观,在科研中正确体现出来,充分表现了来自生产第一线的"草根专家"的独特风范。

但是，人们并不会因此误断：包昌法只是一位服装普及读物的编写者。因为他的研究，是实践与理论紧密结合的，他的著述是在普及的基础上提高，在提高的指导下普及的，是雅俗相兼，相得益彰的。他的全部研究活动证明，他不是一个只会裁裁缝缝的盲目的手工业者，也不是一个好高骛远、小有成就就走向书斋，脱离实际，走向象牙之塔的空头学者。2008年11月19日，他在给浙江纺织服装职业技术学院服装文化研究所同志的一封信中写道，《服装学概论》，是"我对服装理论的探索，我所希望倡导的议题，以及相关传统经验的总结、升华等等，都可以在这本书稿看到"，又说"由于我对自己职业的酷爱，就试图……将传统的经验予以知识化，将平时的实践上升到理论层面"。也就是说，这部书是他的服装理论研究和实践经验总结、概括而成的一部学术著作。《中国大百科全书》等几部大型工具书，自然都不是一般的研究者可能被邀参与编纂的，它们的出版情况以及发行后的深远影响和获奖情况，都无可置疑地证明了其学术价值。

包昌法的单篇论文，也是展示其理论高度和学术水平的重要方面。其获奖情况已如上述，这里仅以其关于服装设计方面的论文为例，论其学术价值。1984年2月，他在《时装》杂志上发表关于他对服装设计问题的新观点——"时装设计的三个分工"，认为"时装设计是一总称，具体地可分造型设计、结构设计和工艺设计三项"。这一新观点已为国内服装界普遍认同，已有一些服装院校按这一观点开设课程。同年4月，他又发表了《要重视服装结构设计》的论文。这篇论文也受到服装界的重视，现在出版的服装专业图书中，均已将原来的"服装裁剪"部分改为"服装结构制图"或"服装结构设计"。其中的核心观点是他首先提出来的。他明确指出："服装裁剪"和"服装制图"是两个性质不同的概念。没有结构设计在前，根本无法裁剪。裁剪是单纯的技术工作，而制图是带有创新意义的设计工作。过去很多书刊讲的"怎样学习服装裁剪"，实际上讲的是怎样学习服装设计制图。

在"服装制图"这一概念提出后，他又提出：要像"机械制图""建筑制图"一样，设立课题组，对服装制图的图线、符号加以整理，使之规范化，使服装制图成为服装院校的一门基础课。这些研究成果后来都被吸纳到"服装制图"的国家标准中去。他于1988年初出版了《服装制图》一书。同年，他又在《流行色》第2期中发表了《服装设计三要素——信息、灵感、技巧》一文，进一步探讨服装设计的发展深化问题。

包昌法关于服装结构设计的研究并没有就此止步。在新世纪的创新精神的鼓舞下，包先生又提出了重视服装"规格设计"的新观点。他认为，规格设计与服装业的发展关系密切，但是目前市场上服装规格的设置有些显然是不合理不科学的，亟待改进。他已准备写一本有关这方面的专著。2008年12月，他在继续深化这一课题的基础上，完成了论文《服装设计八题》。

从关于服装设计的系列论文中可以窥见，包昌法的研究工作，是随着服装专业的发展，渐次渐深渐精的，直指这个学科的高新目标的。

(二)科研教学，联袂而舞

在2008年11月19日的"学术讨论"长信中(以下简称"学术长信")，包昌法谈道：他的服装科研活动，"起到了一个承前启后的作用"。这是一个十分有意义的概括。

红帮前辈中，从事服装研究的人士，几乎无不是把自己的研究工作与培养大批服装事业新人的历史使命紧密联系在一起的。这成为一个优良传统。我国第一部现代服装专著《西服裁剪指南》的编著者顾天云先生将一生精力致力于教书育人工作，他竭力谋求的就是学校以现代教育的方式培养接班人。他的专著的长篇绪言，核心内容就是阐述培养服装业新人，对于发展我国现代服装业是至为重要的头等大事。作为一个服装作坊的"小老板"，他有自己的工厂宏泰服装厂，但是，他似乎是以自己的服装厂为副业，而以培养新人为主业。他先后去日本、欧洲考察，返回上海后，写成了《西服裁剪指南》；书成之后，旋即以此为教材，在上海市西服同业公会先后创办夜校、培训班、上海裁剪学院、上海西服工艺技校授课，谆谆教导学生我国服装业"必须精益求精,使所出品之工作,能轶出欧美而上之……藉出品之精良,而争得国际市场"。同样,戴永甫花了10年工夫,研究出"国际上从未有过的服装结构的准确函数关系",编写出《服装裁剪新法——D式裁剪》一书,先后发行数百万册。但戴先生也没有以此博取名利,走进"象牙塔",而是以此书为教材,通过各种渠道,加以传播,光是讲习班就办了数十期(无准确统计数字),为全国各省、市培养了数万名服装业新人。另一位红帮前辈,天津的王庆和,也是以自己的著作为教材,通过文化宫、图书馆、学校,大力培养服装新人。包昌法很崇敬这些前贤和时贤,以他们为师友,学习、继承他们的责任心、使命感。他的每一项研究成果,都是以教书育人为宗旨的。《服装学概论》《服装学导论》的"绪论"和"前言"都说得非常明白:《服装学导论》是服装学的基础教材。""现代服装教学,已经改变了传统、落后的师傅带徒弟的个体传授技艺方式和只讲穿针引线、缝缝烫烫的手工艺内容。""我们的培养目标必须是会设计、懂技术、能管理、善经营的并具有多方面知识和技能的复合型的服装专业人才。"就是《服装设计与工艺自学导论》这样的自学用书,"前言"也说得很清楚:"学习服装制作技艺的渠道较多。""采用自学形式学习和掌握服装制作技艺是理想而又有效的途径之一。"正是鉴于以上考虑,他才出任主编编写了"服装设计与工艺自学丛书",全书由8部专著组成,包先生除了任主编,还编写了丛书的第一本《服装设计与工艺自学导论》。

不但在编撰专著时如此,就是在撰写单篇论文时,包先生也念念不忘自己的教书育人使命。在论服装设计的系列论文中,他总是希望自己的新观点能被引入教材,"成为服装专门院校的一门基础课程"。看到有些服装院校已按他的观点开设课程,他总是由衷的高兴,因自己的研究成果化为年轻人的有用知识技能而甚感欣慰。

一言以蔽之,他编撰这些著作的核心目的,就是为了给我国现代服装事业培养实用型的中高级技术人才。为了实现这一历史性使命,他和同志者如痴如醉,50年如一日,乐此不疲。包昌法曾把自己定位为"红帮服装文化的探索迷和耕耘者"。他不但为此入迷,而且在有了一定学识积累、科研成就之后,便身体力行,亲自走上办学与教学第一线。1984年初,他就曾和我国高校服装专业的创始人王传铭教授一起,筹办上海纺织职工大学服装大专班,应该说,他们都是我国服装专业的元老。其后,他又在上海的两所高校的服装系执教,并曾应聘出任上海纺织专科学校论文答辩委员。为了表彰他对服装教育事业做出的贡献,上海市科技协会曾评他为"科技系统优秀教师"。

这位老教师的拳拳之心,委实令人感佩!

(三)矢志不移,永葆热忱

包昌法出身于一个城市贫民家庭,又只有小学毕业的学历(这已很不容易了),有机会当学徒,大致可以安分守己,学好手艺,做个裁缝,埋头做活,养家糊口。这是多数旧时的裁缝的人生之路。但是,包昌法没有走这条路,他探索构建了自己的人生理想,抓住了发展机遇。他在"学术长信"中说过:"我的研究工作是在特定的历史条件下形成的。因为不论我辈还是前辈,从事服装行业的人,都是没有文化、缺乏文字表达能力的,只有经验,没有理论。由于我酷爱自己的职业,就试图做一些文字方面的工作,将传统的经验知识化,将平时的实践上升到理论层面。""我自己比较刻苦、勤奋,事事做有心人,经常收集各方面的信息、知识,运用到自己的专业中去。"在做服装裁剪工作时,他不是"师之所授,一字不易","依样画葫芦",而是举一反三,加以拓展。他白天上班工作,晚上刻苦自学。休息日,他常带上干粮去图书馆、书店、资料室查资料。走进布店、服装店,见到新颖的服装款式或省料裁剪新法,他就会停在那里细心琢磨,把心得记在随身携带的小本子上,并且结识那里的能工巧匠,拜他们为师。在马路上、电车里,他都常常注意观察人们穿的新颖服装,并在小本子上画下来,勤勤恳恳、踏踏实实地积累着原始资料。在写《巧裁缝》时,一听说哪个服装店有新发明、新创造,他便会跑去访问、请教。把长袍改成中山装的益大服装店、把马褂改成马甲裙的洪兴记服装店、把2件雨衣改成5件儿童夹克的曙光童装店,以及上海市鞋帽公司、上海市服装用品工业公司等,

红帮名人名店传略

都曾是他拜师求教的地方。能工巧匠们为了改造一件旧衣服、创造一种新服装排料法,常常设计、修改几十次。这些都令包昌法感动,他决心把他们的事迹推上银幕。他还在饭里自苦,茶里自俭,从微薄的工资中挤出钱来购买服装专业书刊和文学作品。日积月累,在他的小阁楼上,沿墙一侧渐渐放满了书刊。所以有人说:"包老师这里已经成为一个小型服装图书馆了!"

包昌法的研究工作条件是十分简陋的。他一家七口人,蜗居于一楼一底20平方米的住宅中,不要说书房,连一张写字台都无法放妥。但是,就是在这样的环境中,他全心全意,埋头苦干。特别是闷热的夏夜,他汗流浃背,读书写稿,每至深夜。一本60多万字的《简明服装词典》书稿,就是在这样的环境中,花3年时间编成的。

人生道路上,总是风波四起的。本来,政治领域里的角逐、党内路线之争,与一个青年工人何干?但他居然被戴上一顶"右派"帽子,并被发配到车间去劳动。长期压在这么一座"山"下,还能继续做研究工作吗?能!但是极其艰难。这种时候,就需要矢志不移、坚忍不拔的科学品格了。包昌法像许多致力于科学研究的人一样,既有科学知识,更有科学精神、科学勇气。他不但没有放弃、倒下,而且不改初衷,壮志弥坚,只是根据现实情况,把自己的着力点做了调整,把在生产第一线劳动作为积累原始材料、感性知识和实践经验的一种机会;同时,也把已学到的书本知识、理论知识拿到实践中试用、检验。正是在这个时期,他把几何学的知识、原理,运用到服装结构制图中去,总结出了"先横,后直,定点划弧"的打样要领,也为以后他研究服装结构理论打下了基础。"时装设计三个分工"的系列理论的论据正是在这个时期开始积聚起来的。他说:"被打成'右派'下放基层劳动,却使我积累了无数服装制作的具体经验。"所以,50年后,他能够笑容可掬地回顾这段祸福相倚的人生历程,真诚地概述自己的人生感悟。

"人不知而不愠",不慕虚荣,也是包昌法的学术品格之一。他虽然科研成果丰硕、成就斐然,但直到1991年才获得一个高级工程师的职称。

不过,这也没有阻碍包昌法的研究活动和学术成果的取得。自回到研究岗位之后,有了基本的工作条件,他的成果很快便源源不断地"喷发"出来。

2003年10月,他和王传铭教授一起,应宁波服装职业技术学院服装文化研究所和宁波服装博物馆之邀,前往宁波参加《红帮服装史》首发式,年逾古稀的包先生给人们留下了深刻的印象。那一次,他穿的是紫色夹克衫,精神健旺,满面春风,脸上始终充满笑意。和大家见面之后,他便表示:"我作为一个老年服装工作者,对于服装相关的课题,曾经作过较长时间的探索,也积累了一些相关资料,如果你们需要,我可以无偿提供。"接着,他又从夹克中掏出一个信封交给服装文化研究所的负责同志,说:"我来之前,写了一份《关于服装文化研究工作的几点思考》,供你们参考。"在信中他写道:"我总觉得服装文化研究是一项大有可为的事业,有非常美好的前景。它是我国发展服装事业不可缺少的重要内容之一。"接着,就服装与人类的精神需求,服装文化研究对指导今后服装创新设计、服装教学等方面的意义,服装文化研究不能"离开人这一主体"等3个方面,写了他的思考意见。此后,他曾为宁波服装博物馆无偿提供200多种书刊资料。

2008年10月,宁波服装博物馆在上海召开建馆30周年座谈会,他欣然应邀而至。虽然头上白发又增添了许多,但他依然穿一袭紫色夹克衫,依然那么精神抖擞、笑容可掬,发言依然那么热情,声音洪亮,再次呼吁重视服装科技和服装文化研究,深情地表示:"服装专业的理论研究在我国尚属起步阶段,有大片待开垦的处女地,是大有可为的!""我非常愿意和同志们、朋友们广为接触,共同努力!"似乎一提到服装研究,他便年轻起来,不知老之将至。

(本文写作过程中,包昌法先生提供了许多原始资料,钟一凡先生和宁波服装博物馆也曾提供资料。我还参阅过王静女士关于包昌法的文章,谨致谢忱!)

中国服装界的"国家队"——北京红都
服装公司

季学源

**图1 位于北京市东交民巷的
红都服装公司**

我们这里所说的"红都",是北京市红都服装公司(见图1)的简称。这家服装公司是根据国务院的意见,经北京市和上海市协商后,由上海的红帮裁缝精英们组建而成的。它的非同寻常的业绩表明,它是中国服装界的"国家队"。21世纪初,红帮研究专家曾以"红帮的形象大使"誉之。

在中国现代服装史上,红都是十分重要的一页。

一、乔治·布什:"红都,红都!"

20世纪80年代末,美国总统乔治·布什(即人们通常所说的"老布什")访华时,到了北京机场一下飞机,就撩起自己身上的西装,用标准的汉语,向欢迎他的人们说:"红都,红都!"[1]

这位美国总统在登上总统宝座前,曾任美国驻华大使。这位大使是个自行车运动爱好者,他曾骑着自行车,逛过北京的许多大街小巷,也算得一个"中国通"或者"北京通"了吧。他不但了解坐落于天安门广场东侧东交民巷的红都服装店,而且像许多国家的外交官一样,慕名到红都定制过西装。

此次,他作为美国总统访华而演绎的这个有趣的小故事意味着什么呢?

各方面的人肯定会有多种多样的解读方法,自然也就会有多种多样的精彩解语。不过,我们想,其中有一条必然可以成为共识,这就是:这家北京的红帮名店已经蜚声海内外,世界各国对中国有些了解的人们,大致都会知道北京有个红都服装公司。特别是访问过中国,到过天安门广场的人们,更应知道这家由红帮裁缝担纲的服装名店,曾为许多中国党和国家领导人制装,中国的高级官员、外交人士、北京出国的人们,大多到红都做过服装。与之有关的还有享誉全球的"毛式服装",为周恩来总理特制的中山装,为几代领导人国庆检阅特制的中山装等,这些服装都进入了中国服装史。人们当然也会知道,许多访华的国家元首、党政要员、外交官员、社会名流、工商巨子、文体明星,以及国际名模、"世界小姐"等,都曾在红都或其他红帮服装名店定制过服装,以美国总统为例,福特、老布什、克林顿和小布什,都曾请红帮裁缝为他们制装,有的还和红帮裁缝结下了友谊。所以,和红帮老师傅们谈起这些个事儿,他们都会谈起他们为中外各式人物制装的故事;而且,他们很多人家中都珍藏着这些著名顾客制装的记录簿、与他们的合影,以及这些顾客赠送给他们的多姿多彩的礼品和赠言。许多红都老师傅家中,有毛泽东的服装形象照、周恩来的赠言、邓小平送的糖果盒、江泽民的题词、西哈努克亲王请他们赴生日宴会的照片等,那是不胜枚举的。

所以我们说:布什总统演绎的红都故事并非特例,它只是红都的许多意趣深邃的故事中的一个例子而已。

二、红都的组建

组建红都的原因,一言以蔽之:构建新中国服饰形象的需要,首都提升服务性行业整体水平的需要,红帮名人名店向往北京的心愿。

这里,不妨先讲一下小尼赫鲁改衣服的故事:

那是1956年初春的一天,外交部收到印度驻华大使小尼赫鲁的一封信,讲了他在北京某服装店做了一套西服,有些不合意,先后修改了多次仍难以达到要求。于是外交部派员陪同这位大使到上海,上海市政府有关部门马上确定由波纬时装店中享有"西装圣手"美誉的红帮裁缝余元芳完成这项工作。余师傅名不虚传,爽然应诺为之改装。两天后,修改好的西装送到,这位印度大使试穿了,不但表示满意,而且约请余师傅为他的岳父、妻子、兄弟和儿子各做一套西装。

余师傅出色完成了上述制装任务后,这位印度大使又给中国外交部写了一封信。信中说:他到过很多国家,做过、买过很多套西装,但从来没有穿到过这样漂亮、舒适、挺括的西装。[2]

此事作为一个个案,已经圆满终结了。但这件事却引起了周恩来总理的深度思考。他熟知,北京市也不乏有名的红帮裁缝,但却没有进行合理有效的构建组合,整体水平还不够要求;他同样熟知,新中国成立前和新中国成立后,上海市聚集了很多红帮名人名店,顶级人物大部分都在上海各服装店(公司)工作,像余元芳这样的"圣手",那是成百上千的。他们中的很多人,都是德艺双馨的中国现代服装的开拓者,为中国革命和建设做出过多种贡献。于是周总理提出了"繁荣首都服务行业"的指示,嘱咐红帮裁缝师傅:"千万不要把海派西服的特点搞丢喽,也要把首都的服装业带动起来,搞上去嘛!"[3]

根据周总理的指示,北京市很快和上海市协商,决定邀请上海的红帮名师名店进京,并很快做好落实工作。为做好这项工作,各方面都做了周到安排,连进京人员的差旅费、进京后的生活安排、进京后的工资待遇,以及一年之内,将进京人员的家属全部迁到北京等等,都妥善安排了,所以从考察到定店定人以及搬迁的一切准备工作,1周内便顺利完成,第一批100多人随即踏上了进京的旅程。其后不到1个月,第二批进京人员也到了北京。先后两批,上海迁京的服装店共21家,职工共208人。为了繁荣、提升首都的服装业,实行强强联合,这21家重组成7个地方国营的服装店——雷蒙、波纬、蓝天、造寸、万国、金泰,开始它们的新的创业历程。这一年秋天,12名红帮高手进了"中南海",在中央办公厅下属的一个部门下组建了一个服装加工部,开始他们独特的制装工作。1958年,7家服装店再次重组为友谊和友联两大家,其后,在"文革"期间,又组建成北京市红都服装公司,1993年更名为红都时装集团公司。

关于红都的命名,也有一些故事。公司组建时,命名是颇费思量的。在讨论过程中,大家提出过多种命名建议。雷蒙服装厂的郑祖芳还特地骑着自行车,跑了北京的许多条大街,寻求命名方法。他看了很多商店的新招牌,有的改作"红卫",有的改作"人民",有的改作"首都"。想来想去,他从离沪进京的初衷想下来,想到周总理的谆谆嘱咐,认为公司是在新中国的首都组建的,为什么不叫"红都"呢?这个名称既有意义,又很响亮,又和别的商店名称不同。他将这个想法告诉大家,大家一致表示赞同。于是,"红都服装公司"诞生了!

"名至实归",公司成立之后,红帮老师傅和红帮传人,继续发扬红帮的创业、创新的优良传统,兢兢业业,名实两副,为提升我国服装业的水平、树立中国人的新的服装形象,做出了多方面的贡献。

为了叙述方便,我们还是以红都先后3任著名经理为线索展示他们的业绩吧。

三、3位名经理[4]

如果要勒石记功,首先要记述的,应当是3位著名经理,他们都是从红帮策源地走出来的,都是红帮老师傅中的高手,皆因作品的优异而享誉于海内外;又都是进京的带头人;在京期间,都立下过许多奇功,都有许多制装佳话广泛流传。

(一)余元芳

首任经理余元芳,前文已初涉他的非同寻常的技艺。

余元芳师傅是宁波奉化县白杜乡泰桥村人,小学毕业后去上海王升泰西服店当学徒,由于战火烧到上海,中途曾2次回乡避难,1941年满师后,凭真功夫考入南京路的红帮名店工作,他以过人的才智赢得同行的钦佩。抗日战争胜利后,余元芳风采凛然,独自创业,美誉远播,并曾去香港寻求发展机会。1949年2月,其兄余长鹤在上海百老汇大厦(今上海大厦)一楼开办波纬西服店,主要承接各国驻沪领事馆、各国其他驻沪机构的制装业务。6月,应兄长之聘,余元芳至波纬工作。他曾为上海市市长陈毅、市委书记刘晓,华东局的领导人谭震林、魏文伯、陈丕显、谷牧等人制装,为新中国成立后的上海服装形象亮丽转身屡屡立功。美名传至北京,于是有了前文所述的故事。

波纬进京之初被安排在北京前门饭店营业,翌年迁至驻华外交官员聚集的东交民巷与迁京的万国时装店联合,余元芳出任经理。余元芳由此迈进了创业的黄金发展阶段。他们曾为党和国家领导人毛泽东、刘少奇、周恩来、叶剑英、李先念、贺龙、罗荣桓、郭沫若、姬鹏飞,以及各部委的领导人刘晓、黄镇、伍修权等同志和驻外使馆人员制装,特别是总理兼外交部部长周恩来的服装,大部分都是由余元芳偕同红帮老师傅完成的,已经成为蜚声国内外的经典之作。余元芳知道,周总理是代表新中国出现在国内外许多重要场合的,他的服饰形象往往成为新中国的服装形象,所以余元芳不但综合运用了他所掌握的红帮的最高技艺,而且根据周总理的工作地位、非凡仪表、气质、个性和爱好,精心设计,大胆创新,倾尽心力为其制装,因之,其作品在国内外引起强烈反应,影响极为深远。特别是20世纪50年代周总理出席万隆会议、日内瓦会议,可以说是新中国服装的两次大亮相。

1973 年 9 月,余元芳出任新建的红都服装公司经理,老当益壮,一直干到退休。

像许多红帮老师傅一样,余元芳退休之后,实际上是退而不休的。1980 年,外交部下属的一个为外交人员服务的部门根据中外外交人员的需求,组建了一个服装加工部,余元芳又成为首先被邀请的高级技师。20 世纪 80 年代后期到 90 年代,余元芳的故乡奉化服装工业异军蜂起,余元芳等红帮老师傅自然又成为各服装厂恭聘的首选对象。罗蒙、金海乐等服装厂的领导者,都先后进京到左家庄新源里余元芳家中拜访,聘请他担任顾问。为家乡的服装业腾飞出力,自然是余元芳极乐意做的事情,于是,他热忱地为他们建言献策,多次到各厂具体指导,常常亲自动手示范,毫无保留地传授技艺,培养新技术人才。1998 年 3 月,奉化市服装商会成立,余元芳又热情应邀出席成立大会,并欣然接受顾问之职。

"革命人永远是年轻,他好比大松树冬夏常青……"把这两句经典歌词送给余元芳老师傅,不是非常合适吗?

(二)王庭淼

第二任经理王庭淼,1922 年 1 月出生于宁波鄞县甲村,7 岁时父母相继去世,11 岁他就在村里拜师学裁缝,13 时已能独立缝制传统中式服装,15 岁时跟随同乡到上海南京路描身服装公司学习现代服装缝制,1 年后到著名西服店享达生服装店打工,20 岁已熟练掌握了西服的量体、设计、裁剪、缝纫、整烫等全部技艺,并且能灵活运用。接着便独自闯天下,曾到南京 3 家西服店工作,悉心积累经验,琢磨新工艺。1946 年返回上海,到著名海派西服名师楼景康的红帮名店雷蒙西服店工作。1956 年春到上海服装公司第一服装厂工作,以制作中山装和新式现代服装——人民装为主要工作。不久,便成为上海进京服装技师的首选人物之一。为此,王庭淼开始了非同寻常的制装生涯。

由于各方面条件都很合适,3 个月后,他进入中央办公室下属的服装加工部工作。1956 年,党的第八次全国代表大会要在北京召开,组织上决定由王庭淼和红帮传人田阿桐师傅为毛泽东主席制装。作为红帮老技师，接到这样一项制装任务，他们感到十分光荣，但他们也深深意识到这项任务的重要意义。于是十分严肃认真地加以构思、研讨，根据毛主席新中国的伟大缔造者、全国人民敬爱的伟大领袖的身份，根据毛主席特有的风采、气质以及身材和个人爱好，进行精心设计。他们以中山装为基础，重新进行谋划构思，特别是对领子、前襟、前襟下边的 2 个衣袋都做了创新设计，力求为创造伟大领袖新的服饰形象而做出贡献。于是，一套新颖独特的银灰色的中山装诞生了！（据说，起初曾用黑色面料为毛主席制作过中山装，但毛主席更喜欢银灰色，所以后来都用银灰色面料。）毛主席很喜欢这套衣服，从此，凡出席重大活动、重要会议、重要庆典，接见、会见外宾，毛主席都穿这款衣服。国外，还为这套服装单独命名，称为"毛式服装"，很多国家的革命人士都进行仿制。著名服装设计大师皮尔·卡丹也认同这一命名。

红帮发展史纲要

1976 年 9 月 9 日毛主席逝世，中央又把为毛主席缝制最后一套服装的庄严任务交给了红都，王庭淼他们怀着无限深情完成了任务。现在，广大人民群众到毛主席纪念堂瞻仰毛主席遗容时，都会注意到这套银灰色的服装。这款服装将成为中国服装的经典之作。

这款服装，将随着革命领袖的伟岸形象，永远地屹立在人民的心田上，永远光焰辉煌。

自然，王庭淼等红都师傅还为周恩来、刘少奇、邓小平、江泽民等中央领导人制装。王庭淼为周恩来总理设计的中山装，也是享有国际声誉的经典之作。值得写下一笔的还有，王庭淼曾为周总理缝补过一件旧睡衣，当时市场上买不到同样的布料，他就回家翻箱倒柜，终于找到了同样的零头布料，圆满地完成了任务。这件睡衣已为中国历史博物馆收藏。还有一事也是值得记载的：有一次周总理的秘书拿来一件周总理的西装，希望能改成中山装。这是一件颇有难度的工作。但王庭淼能领悟到周总理的心思，于是经过反复计算、推敲，终于满怀信心开始改装工作。他先把西装拆成 24 片，和擅长织补的师傅一起，先做好织补工作，然后再精心安排,终于完成了这个旧衣翻新的特殊工作。周总理拿到这件中山装后试穿,十分合体、适体,连连称赞说:"巧匠! 巧匠!"[5]

在王庭淼任红都经理期间,红都的工作思路十分开阔,除了为中央领导同志和各部门的同志制作中山装系列的服装以外,还热忱为来华的外国元首和领导人制装,为西哈努克亲王及其家人制装尤多,他们之间建立了深厚友谊,亲王的生日、节日宴,常常邀请王庭淼等人赴宴。

作为红都经理,王庭淼始终牢记初到北京时周总理关于"繁荣首都服装业"的嘱咐,北京人民需要做的衣服,他们都尽量接做,男装、女装、毛料的、普通布料的,西服、中山装、大衣、旗袍、两用衫、衬衫等,都尽可能地接做。北京人谁不知道"红都王经理"! 为了适应广大人民群众生活水平提高后的需求,他和公司职工一起,完成了厂房更新扩建工作、设备改造更新工作、工艺创新工作、争创名牌工作……除了日常工作之外,王庭淼也继承了红帮人重视科研、培养新人的工作。在他的带领下,红都组织团队先后编写了《男裤标样试定试行规范》《西服缝制要诀》等著述。结合基本原理、自己的经验和新的规范,他编写职工学习和培训教材,使红都始终能紧跟时代步伐,不断提升综合水平。应该说,这位红帮老师傅把自己所有的精力都贡献给了红都。1959 年,他被评为先进工作者,出席了北京市的"群英大会",同年,又加入了中国共产党。

1986 年,王庭淼退休。他在一份党员登记表中这样写道:"在工作上虽已退休,但我想晚年尽可能多做一些自己力所能及的工作,特别是技术上,尽最大努力,为下一辈留下一些有用的东西,为祖国'四化'出一点小小的力量。"[6]他实践了自己对党的承诺,几乎像没有退休时一样,每天骑着他那辆"老年"自行车,从王府井大街北边家中(原中央办公厅宿舍)出发,稳稳当当地到东交民巷公司门前下车,在办公室,在车间,在门市部出点子、做示范、做指导,有时也应顾客要求,为他们量体裁衣。

王庭淼把自己的一切都献给了党和祖国。1996 年 5 月王庭淼因病去世,子女在整理他的遗物时,有如下发现:为毛主席做最后一套衣服时他留下的零头面料和零头衬里;还有一本小学生用的练习簿,里面密密麻麻地记录着为领导同志制装的各种数据、资料;还有周总理的原版照片、西哈努克亲王赠送的围巾、邓小平赠送的糖果盒,唐闻生从日本带回来赠送给他的剪刀、吴作人亲笔绘赠他的雄鹰图;还有一只他自己制作的钱包,里边有"大团结"1 张——人民币 10 元。

这就是红都名经理王庭淼的素描像。

(三)陈志康

接王庭淼班的红都第三任经理陈志康,也是奉化人,生于岩头乡榆林村。

陈志康接任经理的时候,正是我国改革开放深化、发展时期,各行各业生机勃发,风光无限。服装行业成为最具风头的行业,几年时间里,中国人民的服饰形象便完成了潇洒转身,各种现代服饰五光十色,迅速呈现出与世界服饰时尚接轨的格局。从中央领导人到工人、农民,都穿起了西装,中国猛然成了世界西服大国。这种新时代大潮,给红帮事业带来了空前的发展契机。特别是红帮的故乡宁波各县,大大小小的西服厂确如雨后之春笋,从奉化、鄞县、镇海、慈溪、余姚等地"破土而出",仿佛一夜之间,就冒出了上千家西服厂。红帮精神又一次强劲展现出来。中央领导同志对服装行业的这种改革开放的锐气给予充分肯定和支持,胡耀邦同志在出任党的总书记前后,一再提倡穿得好一些、美一些,对广大人民群众穿西装也持肯定态度;认为服饰体现时代精神、社会风尚,西服适合现代人生活,适体、美体,体现新的审美观;他自己也穿起了西装。[7]

就是在这样一个时代氛围中,陈志康接下了红都经理的重任。他忠实继承、弘扬了红帮与时俱进、不断创新、勇立时代大潮潮头的精神,充实光大了前任 2 位经理的业绩。他原是一个典型的红帮裁缝,早年在上海愚园路一家红帮服装店当学徒,1956 年"红帮"进京时,他也成为首选人员。进京后在余元芳、王庭淼的悉心教导下,他迅速成长为技术高手和公司管理骨干,为红都在新的历史时期中创立新功做出了他的杰出贡献。

陈志康牢记并创造性地解读了周恩来总理对他们的嘱咐:发扬红帮

服装的特点,把首都服装业带起来、搞上去。现在,北京的服装已经搞上去了,以红都为排头兵的北京服装业已经颇享美誉了。在新的历史时期中,红都应该以天下为己任,"衣被天下",为天下人做新服装,把中国的服装业搞上去;改革开放的大好格局已经形成,红都应该乘风而起。因之,陈志康除了继续完成党和国家交给红都的特别任务以外,已把目光投向东交民巷以外、北京以外。

他们为江泽民、李鹏、乔石等党和国家领导人制装,得到了领导同志的赞扬和鼓励。1994年1月18日江泽民主席曾欣然命笔,为他们题词:"弘扬民族精神,美化人民着装。"全国人大常务委员会委员长乔石也为他们题词:"继承优良传统,再接再厉,精益求精,争创国际服装新水平。"(1993年12月。)全国人大常务委员会委员长李鹏的题词为:"发扬红帮精神,服装精益求精。"(1996年3月。)[8]这些题词,均为红都发展、创新指出了方向。正是在这些指导思想的指引下,陈志康有了开放型的大手笔,北京的著名涉外宾馆、饭店——北京饭店、香山饭店、王府井饭店、兆龙饭店等10余家宾馆、饭店的礼宾服,都由红都精心设计、精工制作。

20世纪90年代以后,全国各地的顾客慕名而来,纷纷到红都定制服装。陈志康注意到了全国人民的服装新需求,先后在山西太原、河南洛阳、江苏南京、云南昆明等地的大中城市开办了红都分部,把红都做大做强,让红帮之风吹遍全国。

当然,陈志康和他的接班者,会有更广阔的胸怀、更高远的目标,这是毋庸置疑的。新中国成立60周年大庆时,胡锦涛主席阅兵时穿着的中山装,也是红都制作的。这套服装引起了海内外的高度关注,《凤凰周刊》记者曾特地到红帮故乡宁波采访,其中一个题目就是胡锦涛的国庆阅兵服装。他采访了在宁波的红帮研究专家。专家谈了中山装的创立、发展历史,党和国家领导人在国庆等重大活动中穿着各式中山装的历史,并且展示了2009年10月在宁波召开的一次红帮研讨会中宣读的论文的一部分:《国服问题》。这位专家说:我国作为一个有悠久历史的伟大国家,作为一个有"衣冠王国"之誉的文明古国;中华民族,作为一个屹立于世界民

族之林的伟大民族,作为一个已经和将要对人类发展做出更大贡献的民族:我们应该有我们的国服。(9)

红帮,在过去,曾经有志气、有能力为中国服装改革做出了卓越贡献,那么,在现代化的新时期,红帮传人也将有志气、有能力,和全国人民一起,创造新的国服。我们想,这也该是陈志康经理和他的继任者,在他们的发展、创新规划中应有的一个议题吧!

【注释】

(1)(2)李小翠:《历史的背影》,解放军文艺出版社 2009 年版,转引自《新华书摘》2010 年第 4 期。

(3)同上。又见《创业者的足迹》,宁波服装博物馆 2003 年 9 月编印第 313—323 页。

(4)红都三任经理的资料,主要依据季学源、陈万丰主编:《红帮服装史》,宁波出版社 2003 年版;宁波市政协文史委编:《宁波帮与中国近现代服装业》,文史出版社 2005 年版;陈万丰主编:《创业者的足迹》,宁波服装博物馆 2003 年编印。

(5)见《创业者的足迹》第 319 页。

(6)见《创业者的足迹》第 318 页。

(7)详见《红帮裁缝评传》引文。

(8)见《创业者的足迹》第 312 页、《宁波帮与中国近现代服装业》第 102 页、宁波服装博物馆编印的《追寻红帮的历史足迹》第 15 页。

(9)宁波市鄞州区文广局、宁波服装博物馆:《红帮裁缝与宁波服装研讨会文集》第 13 页,2009 年 10 月编印。

【主要参考文献】

[1]宁波市、鄞县、奉化市有关部门与宁波服装博物馆自 20 世纪 90 年代起有关红帮的调查资料;陈万丰、季学源等有关红帮的考查手记;宁波服装博物馆各展厅的图片、实物和说明文字。

红帮发展史纲要

[2]季学源、陈万丰主编:《红帮服装史》,宁波出版社 2003 年版。

[3]宁波市政协文史委编:《宁波帮与中国近现代服装业》,中国文史出版社 2005 年版。

[4]陈万丰编:《创业者的足迹》,宁波服装博物馆 2003 年编印。

[5]《追寻红帮的历史足迹》画册,宁波服装博物馆 2008 年编印。

[6]2001 年以来宁波服装职业技术学院、浙江纺织服装职业技术学院学报发表的有关红帮的论文、史料。

红帮名人名店传略

红帮杰出传承者——罗蒙集团股份有限公司

王舜祁

奉化是我国近代最著名的服装流派——红帮裁缝的重要发祥地之一。19 世纪中期至 20 世纪 40 年代,这里曾经诞生过不少服装名师,诸如创办中国最早的西服店之一——和昌号洋服店的江良通;为中国革命的先驱者之一徐锡麟制作西服的王睿谟;开设中国首家上规模服装企业——荣昌祥呢绒西服号,并在制作和推广中山装过程中做出过重大贡献的中国西服业领军人物王才运;抗日战争期间创办华商被服厂,生产军服支援前线的王宏卿;"南六户"的创始人王才兴、王来富、王辅庆、王廉方等;有"东北第一把剪刀"美称的张定表;北京红都服装公司名经理余元芳、陈志康,等等。

20 世纪 80 年代,沐浴着改革开放的阳光雨露,在奉化这块孕育红帮裁缝的沃土上,服装企业蓬勃发展,红帮精神发扬光大。奉化服装商会一位负责人曾经说过,奉化有 700 多家服装企业,至少有 500 家都是在红帮老师傅的直接支持和帮助下创立起来的。其中最有代表性的要数罗蒙。罗蒙两代创业者盛军海、盛静生父子及其集团公司忠实地传承了红帮裁缝艰苦创业、精工细作、追求一流、改革创新等优良传统,把一个从 2 万元起家的小作坊打造成拥有 15 亿元固定资产、10 家核心企业、5 家海外办事机构、180 余家分公司、1 万余名职工的现代化大型股份制企业集团。2012 年实现销售 65 亿元、利税七八亿元,是中国服装行业销售利润双百强企业。罗蒙是在红帮前辈的帮扶下起步和发展的,1986 年,老厂长盛军海曾充满感激之情地说:"我们罗蒙过去依靠孙经理(上海春秋服装公司经理孙富昌)建厂,现在依靠孙经理发展,没有孙经理就没有罗蒙的今天!"罗蒙是在红帮精神的哺育下壮大的,罗蒙第二代掌门人盛静生一直以红帮传人自称、自勉、自律。他说:"我以红帮传人而自豪,应责无旁贷地把祖宗传下来的裁缝这个老行当做好。"他特别重视红帮精神中的"精益求精,争创一流",他说:"对罗蒙来说,只有两个字:专注。专注于认认真真做服装,专注于兢兢业业创品牌。"

一、攻苦食淡,勤俭创业

有人说,"创业者是一项自己雇佣自己的职业",也就是说,创业者既是老板更是打工仔,既是决策者更是执行者。创业的过程实际上是一个创业者"做到"的过程。在这一过程中,需要创业者身体力行、脚踏实地地通过自己的实际行动去处理和解决各种具体困难和问题,一步一步地走向既定目标。创业活动的特殊性要求创业者必须成为"行动上的巨人",同时,因为创业活动的高度风险性和不确定性,创业者又必须具有良好的心理素质和强大的心理承受能力。红帮裁缝就是这样一群创业者,无论是王睿谟、江良通、王才运等红帮前辈,还是后起之秀顾天云、陆成法、王庭淼、余元芳等,直到新时期的红帮新一代传人盛军海、盛静生、李如诚、郑永刚等,无不如此。

红帮先辈,凭着艰苦创业的精神和一技之长闯荡世界,创造出辉煌业绩。创业之初,他们居无定所、食无定餐、业无定量,硬是靠吃苦耐劳精神,坚持立足,站稳脚跟,在国内外诸多城市生根发展。罗蒙最初的掌门人盛军海,传承红帮先辈艰苦奋斗的创业精神,为罗蒙发展奠定基础。

20世纪80年代初,在不断升温的"西服热"中,江口镇政府决定发扬江口"服装之乡"的传统,借助从上海"告老还乡"的红帮老师傅的手艺和他们在外地的人脉,创办一家服装厂。厂长人选经过四处物色,最后敲定盛家村勤劳俭朴的农民盛军海。1984年,一家名为"罗蒙"的西服厂正式诞生。当时上海最出名的西服厂厂名叫"培罗蒙",取名"罗蒙",寓意仰慕和追随培罗蒙创一流西服的志向。当时江口还有一家服装厂取名"培蒙",和"罗蒙""比翼双飞"。

罗蒙西服厂成立之初,一无所有,困难重重。厂房借用当时公社食堂一间200平方米的闲房;起步资金或向职工筹措,或向亲戚朋友暂借,或向信用联社贷款,总共凑了2万元钱;生产工具缝纫机、电烫斗等靠职工自带;技术,就请告老还乡的老师傅传、帮、带;业务,利用师傅的人缘关系到上海找门路,为上海最著名的服装公司——培罗蒙做加工。上海培罗蒙是当时全国西服业的翘楚。为培罗蒙加工,实非易事,在技术、质量上的要求,实在是太高了。但困难也造就了盛军海,他一起步就确立了把产品质量与企业生命连在一起的思想。为了达到名牌服装的质量要求,盛军海废寝忘食,日日夜夜泡在厂里,专心致志狠抓技术。盛家村近在咫尺,但盛军海半月、20天不回家是常事。当时,一厂之长的盛军海月工资仅28元,而把关师傅的月薪却是1000元,相差几十倍。

盛军海的努力,终于有了回报。罗蒙加工的服装以做工精细、衬头挺刮、烫工到家、款式新颖、面料讲究等优点,赢得了消费者的青睐,一炮打响,1985年、1986年连续两年被上海黄浦区服装公司评为优质产品。这两年厂里的产值翻了两番,实现利润150万元,掘到了第一桶金,改善了办厂条件。

盛军海办厂精打细算,非生产性开支,能省则省,为的是积累更多资金,扩大企业规模。他经常送货到上海,住防空洞招待所,吃大众菜,有时甚至饿着肚子干活,曾经多次昏倒在火车站。盛军海就是这样以身作则,带领39名职工艰苦奋斗,克服了创业之初的种种困难,为以后罗蒙的发展铺下了第一块基石。

二、创新品牌,享誉天下

翻开红帮裁缝的历史,恪守诚信,以质量取胜,树立品牌声誉正是其优良的传统。在 20 世纪初的旧上海十里洋场上,宁波商人几乎是最成功和最知名的。同样,在服装领域,红帮人也走在了前列。他们走出国门,学习国外西式服装的制作经验,形成了自己独特的制衣风格,"红帮裁缝"风靡一时。

20 世纪末,宁波成了上海服装企业的加工基地。善于学习的宁波人并不满足于加工基地的地位,而是在吸收上海企业的人才、技术资源的同时,清晰地分析上海服装企业的优劣势,扬长避短,很快超越了上海服装企业,创造出了第一批真正意义上的全国性服装品牌。罗蒙(见图 1)便是其中的一个品牌,我们在罗蒙成功的背后,看到了红帮精神的闪光,红帮裁缝的品牌运营理念清晰可见。

1986 年下半年,"西服热"开始降温,与罗蒙挂钩的上海培罗蒙服装公司提出由包销改为经销。在重重困难面前,厂长盛军海处逆境而奋起,他高瞻远瞩地向员工发出号召:"创造一流的品牌。"但品牌不是自封的,更不

191

图 1 宁波中山路罗蒙西服专卖店

是一时轰动效应造就的,它必须拥有过硬的产品质量,得到消费者的认可,经过市场千锤百炼和优胜劣汰才能形成。

如何打造自己的牌子?盛军海向全体员工发出了创牌宣言:立足红帮优势,借助国外先进技术,创"超一流"的品牌。为此,他经过深思熟虑,"三管齐下":第一,从面料、工艺、款式等方面取国内名牌服装之长,一招一式地学;第二,聘请董龙清、陆成法等红帮传人来厂里指导生产,提高质量;第三,精打细算,降低成本,提高市场竞争力。

"三管齐下"立竿见影,"罗蒙"品牌声誉鹊起。1987 年,"罗蒙"牌西服被宁波市评为优质产品。1988 年"罗蒙"牌男大衣被农业部评为部优产品。1989 年,"罗蒙"牌男西装被评为浙江省优质产品。1990 年,又被评

为部优产品;同年,以"规格准确,造型优美,缝制精细,漏检率为零"的评价,获得全国毛呢西服类质量抽查第一名,受到国家技术监督局的通报表扬。从此,罗蒙在服装市场初步站稳了脚跟。1995年,罗蒙西服套装获国家技术监督局市场抽样检查第一名。

1991年,市场上开始流行"轻、薄、挺、软"的现代风格西服。盛军海审时度势,跟上潮流。他想方设法筹集资金2000万元,建造30000平方米的新厂房,引进先进生产流水线,提升企业的档次和实力。1993年,为解决后道工序出现的难题,又投入1500万元,购置了意大利立体整烫流水设备和面料预缩机。1995年,又从德国、意大利引进一批特种服装设备,使罗蒙生产的西服,又提升了一个档次。整个"八五"期间,罗蒙共投入1亿元巨资,进行了4次技术改造。漂亮的厂房,现代化的生产设备,响当当的服装品牌,引起国际客商的关注。当时两家日本客商想要收购罗蒙,一家法国客商欲出高价买下"罗蒙"商标,均被盛军海婉言拒绝。

随着罗蒙在国外的扬名,外商开始寻求与罗蒙合作合资办厂。1992年,罗蒙与日本三泰衣料株式会社共同投资122万美元,开办了中日合资宁波罗蒙三泰时装公司。1993年,罗蒙购入中美合资富贝特制衣公司的40%股权。至1994年,盛军海采取"借船出海"战术,总共办起了10家合资企业;是年,罗蒙出口交货值接近亿元大关。1996年,印着"罗蒙"商标的400套西服出口美国,受到美国客商和消费者的青睐,开创了民族品牌服装打入美国市场之先河,被国人引为骄傲。

盛军海对打造罗蒙这艘巨轮所做出的里程碑式的贡献是在1994年,罗蒙以"质量分第一、总分第二"的佳绩,摘取首届"中国十大名牌西服"的桂冠。有了这个中国西服的最高荣誉,罗蒙确立了自己在中国西服业中的地位,也坚定了今后进取的方向。

由于事业上的成功,盛军海(见图2)在社会上的知名度和声望日益提高,获得了诸多荣誉:奉化市和宁波市人大代表、劳动模范,宁波市优秀企业家,浙江省优秀共产党员、劳动模范、优秀企业家,全国纺织工业劳动模

图2 罗蒙董事长盛军海

范,全国优秀乡镇企业家。盛军海领航的企业也获得了一系列美誉和褒奖:1990年企业被农业部评为先进单位;1995年,企业当选为中国服装协会常务理事单位。

综观罗蒙历史,在其争创一流品牌的发展道路上,承传红帮精神,坚持不懈地追求高品质,已经创下了中国服装史上的15个第一:

1990年,西服被纺织工业部评为西服优质产品。

1992年,提出"名师＋名牌"品牌战略,聘请日本服装专家现场管理指导生产。

1994年,被农业部评为全国最佳效益乡镇企业。

1994年,罗蒙西服以西服质量分第一,经国家计委、中国纺织总会、国内贸易部等5家单位评选,获首届"中国十大名牌西服"称号。

1996年,以"罗蒙"品牌西服进入美国市场,开创了我国以民族品牌打入国际市场的先河。

1997年,通过ISO9002国际质量体系认证。

1997年,聘请影视明星作为企业形象大使宣传"罗蒙"品牌,提升企业形象。

1997年,经国家技术监督局市场抽查,获西服类最高级优等品荣誉。

2000年,生产无黏合衬西服,被法国科技质量监督评价委员会推荐为"高质量科技产品",并列入"向欧盟市场推荐产品"名录。

2001年,西服出口量第一的企业,累计出口西服500万套(件)。

2001年,被中国服装质量监督中心(上海)评为优等品。

2003年,以西服综合分第一名被国家质量检验检疫总局授予"中国名

红帮名人名店传略

牌产品"称号。

2003 年,被美国环境技术出口委员会(US-EEC)认定为"绿色环保品牌西服",扫除了产品进入美国市场的障碍。

2004 年,聘请国际顶级设计师担任罗蒙首席设计师。

2007 年,罗蒙西服被中国品牌研究院评为中国西服行业标志性品牌。

如今,罗蒙西服不仅受到国人的热捧,而且受到外国人的青睐。西装是一种舶来品,要使外国人喜欢中国出口的西装就像要使中国人喜爱外国进口的唐装一样,难度很大。罗蒙西服为什么能受到外国人的青睐呢?盛静生的回答是:"罗蒙西装是包容型的,在西方工艺基础上做出了东方文化的味儿。"1999 年年底,日本三轮株式会社社长三轮英雄来中国参加一位朋友婚礼,他与同行的 10 多位男士,一律穿着罗蒙西服。他说:"来中国参加朋友婚礼,穿罗蒙西服最时尚。不过,我们在日本参加一些重要活动,也常常穿罗蒙西服。因为,东方人穿具有东方文化气息的西服,神气!"

2000 年 2 月 8 日,中国国际时装周在北京民族文化宫隆重开幕。大幕拉开,首场服装演示就是罗蒙推出的"融 2001 春夏男装",赵京男、姜培林、蒋薇薇领衔的 50 余名中外男女名模闪亮登场,展示了罗蒙 160 余套系列服饰,赢得了来自国内外服装界人士的称赞。时装周评委、法国高级女装工会主席富尔德·露蒂,日本服装专家佐藤典子,联合国教科文组织服装干事威尔马·莱哥略等特意向罗蒙总裁盛静生祝贺演示成功,并高度评价罗蒙服饰。他们称赞"这是中国最好的服装展示"。

三、锐意改革,不断创新

红帮前辈最大的历史贡献是参与了中国的服制革命;革除封建旧服制,开创民主新服制。这种革命精神是红帮精神的核心;这种改革创新精神使红帮裁缝有别于近现代其他手工业者而浩然独立,最终成为中国服饰史上一个有重大贡献的服装流派,在中国近代服饰变革和现代服饰风格的形成上有着无可替代的地位和不可磨灭的影响。

在红帮新一代传人盛静生的身上我们也清晰地看到了这种改革创新的精神。

1998年,盛军海急流勇退,把长子盛静生(见图3)推到前台,出任罗蒙总裁。盛静生当年只有28岁。他18岁高中毕业,进罗蒙西服厂任营销员,期间边工作边学习;两年后获得中央党校函授学院经济学本科文凭;20岁担任经营科长;21岁独理一家服饰辅料公司;25岁创办中日合资

三盛纺机公司,任董事长兼总经理,并以出色的表现和业绩被评为"奉化市十大杰出青年";此后,又到浙江大学攻读经济学研究生,入中央党校进修,获得北京大学EMBA高级研修班毕业证书,成为高级经济师。

古语云,"自古英雄出少年""后生可畏"。盛静生执掌罗蒙,一上任就断言:"中国服装要走向世界,关键在于创新。"为此,他果断地实施了一系列创新的措施。

一是改革体制。盛静生认为罗蒙要有更大发展,必须改镇办企业为股份公司。他一上任就将10余家核心企业紧密地联合在一起,成立集团股份有限公司,同时打破家族管理模式,采取制度化、规范化、程式化的管理方式,提升了企业形象、经济效益和经济实力。

二是改善设备。在改制完成后,盛静生筹资8000万元改造流水线设备。引进了日本的电脑上袖机、剪切攀丁机,意大利仿手工制边机、面料预缩机、立体整烫机等国际一流的生产专用设备。2001年,又投入3600万元,从德国、法国、意大利、瑞士引进300多套国际一流智能化精品西服制作设备。红帮传统工艺与现代化高科技设备制作工艺完美结合,保证了西服300多道制作工序达到高标准,实现了罗蒙西服制作史上的一场技术革命,对罗蒙的发展壮大产生了深远的影响。

红帮发展史纲要

三是网罗人才。盛静生曾经说过:"我们的'罗蒙'西服应是中西文化交融的产物,我们不仅要继承红帮文化,更要向西方学习,学习西方的技术和管理。"这一经营理念与老一辈红帮人是何其相似:老一辈红帮人就是以中西服饰文化结合为理念,既弘扬民族服饰文化之精华,又吸收西方服饰文化之优长,从而使红帮裁缝名扬中外。新一代红帮人盛静生继承并发展了红帮的这一创新理念,他深刻领悟到:工在机,艺在人,提升产品档次关键还在于人。有鉴于此,盛静生一方面加紧培养自己的设计师、制作师,一方面主动出击,四方"借脑",重金聘请国内外顶级设计师、红帮裁缝高手加盟。在罗蒙,红帮裁缝高手、红帮技艺传人、罗蒙自己培养的年轻设计师,与来自日本、意大利、韩国的服装设计大师同处一室,各运匠心,各展所长,开创了罗蒙西服设计与制作的新天地。盛静生还采纳设计师"生产服装要体现人格化"的建议,从意大利引进 3 套价值近 300 万元的激光量体设备,率先在北京等三大城市开展定制高档绅士西服业务,并建立了客户电子档案,在 3 年中发展了 10 万位终身客户。这一举措为罗蒙成为中国最大的职业服装生产基地之一打下了基础。仅此一举,罗蒙便取得销售额 1.5 亿元的业绩。

四是革新销售。上任不久,盛静生大刀阔斧改变过去由门市部加分公司的传统销售模式,构筑专卖店、店中店、代理商"三位一体"的市场销售体系,由点带面,扩大罗蒙产品的辐射半径。为此,他一刀砍掉了 6 个年销售额不到 200 万元的分公司,让大公司兼并,并实施每年 10％淘汰率的竞争机制。同时投入 5000 万元资金,实施"三个一百"营销管理工程,即在全国新开 100 家专卖店、100 家专卖厅、100 个代理商。如今,罗蒙在全国已有 180 家销售分公司、30 多家旗舰专卖店、1100 余家专卖厅,终端市场遍布全国 31 个省、自治区、直辖市,250 多个大中小城市。并通过 ERP 先进管理体系运作,建立了规模大、网络管理健全的市场运行体系。完善的市场销售网络和营销运作机制,使罗蒙服装销售额快速增长。1999 年比上年增长 48％,3 年递增 40％。同时,在美国、德国、意大利、法国、日本等国设立分支机构。"罗蒙"商标已在美国、法国、德国、意大利、韩国、澳大利亚、英国、新加坡、中国香港等 20 多个国家和地区注册,销售"罗蒙"牌西服。

五是提升品牌知名度。盛静生接任以后,采取了一系新的措施,使"罗蒙"品牌的知名度上升到新的高度。主要措施如下:(1)重金聘请国内顶级服装设计师刘洋担任企业总设计师,以名师来加工名牌,打造精品服装。(2)成立罗蒙服装研究中心,以先进理论指导生产实践,使理论成果转化为产品成果,开发了几百个新款时尚产品。(3)广纳先进的管理和技术,与意大利著名服装设计师挂钩,成立男装设计工作室;与国家服装设计中心和服装质量总监督中心联姻,解决质量技术难题;与韩国大邱金佑仲女装公司合作,成立女装设计工作室;请美国著名品牌策划公司——科尔尼为罗蒙进行全方位战略策划,全面提升罗蒙的品牌形象。(4)加强品牌文化建设。先后聘请著名影星濮存昕、歌星刘德华出任罗蒙形象大使,聘请香港影视巨星方中信出任罗冠(罗蒙二线品牌)形象大使,翩翩风度的明星和潇洒大气的罗蒙服饰,珠联璧合,相映生辉。通过形象代言人,充分体现罗蒙西服"儒雅、正直、拼搏、进取、向上"的精神内涵,使更多的消费者与罗蒙品牌产生浓厚的文化情结。(5)举办"罗蒙服饰万里行",2000 年在全国 20 多个省会城市展示罗蒙服饰风采。

改革创新是发展的动力,1999 年,罗蒙销售收入突破 5 亿元,比上年增长 48%;利税、出口交货值和职工年平均收入分别比 1998 年增长 40%、37%和 32%。罗蒙西服在全国重点大型商场销售排名从第 5 位跃至第 3 位。2000 年销售额达到 8 亿元,2002 年销售额达到 13 亿元,2005 年实现销售收入 23 亿元,主导产品罗蒙西服年销量居全国第一,西服国内市场综合占有率排名第二,西服出口量名列第一。2009 年,销售额达到 27 亿元。

盛静生以其不凡的业绩获得了各种褒奖:"20 世纪中国服装行业最具影响力企业家""中国最高成就企业家""中国经营模范""中国服装业十大领袖企业家""中国纺织功勋企业家""中国特色社会主义事业优秀建设

者""浙江省十大杰出青年""浙江省劳动模范""2006 十大风云甬商"等荣誉称号。他现任中国服装协会男装专业委员会副主任委员、浙江省政协委员、浙江省工商联副主席、全国工商联执行委员。

盛静生执掌帅印后的罗蒙也获得了一系列新的荣誉,主要有:"罗蒙"西服荣获"1998 中国十大著名男装品牌"称号、"1999 中国最佳男装设计品牌奖"、"20 世纪中国服装市场成长最快十大品牌"称号、"2001 最具时尚男装设计品牌"称号;2003 年 9 月被国家质量监督检验检疫总局评为综合分第一,荣获"中国名牌"称号;2007 年,"罗蒙"商标被列入"中国最有价值商标 500 强"。

2001 年 7 月,罗蒙被中国乡镇企业协会列为中国最大经营规模企业之一,中国最高利税企业之一,中国最大出口创汇企业之一,中国缝纫机行业最大经营规模企业之一。

四、心怀桑梓,面向世界

红帮裁缝有爱国爱乡的优良传统。江良通、王才运、余元芳、陆成法等杰出人物都曾在家乡办过多项公益事业,造福桑梓,惠及百姓。盛氏父子也是如此。

盛静生说:"企业发展,能赚到钱,离不开党的改革开放政策,离不开社会各界和父老乡亲的支持和帮助,离不开全厂职工的共同努力。理应取之于民,用之于民,回报社会。"罗蒙成立至今 30 年,两代掌门人为社会教育事业、扶贫济困、老年福利、慈善事业、各地救灾等捐资已超过 1 亿元,其中为建设江口镇农业现代化园区,支持慈善事业、残疾人福利事业和市内一些农村修路造桥、扶贫济困、发展特色经济等累计捐资 1000 多万元;1998 年长江特大洪灾,在盛静生的带动下,公司资助资金和实物 250 万元;1999 年以来,为宁波市大学生助学基金会捐资 250 万元,为贵州丹寨民族中学以及本地奉化中学、江口中学、城北中学等 10 余所中小学建造教学楼、设立奖学金、添置教学设备,帮助丹寨改善医疗和地方发展,以及为浙江大学"爱心助才"工程等捐资 800 多万元,等等。

盛氏父子对集团职工也是关爱有加,让 3000 多名职工参加农村养老保险、社会保险和医疗保险。仅此一项,每年支出达 600 多万元。罗蒙一直实行"三免费",员工住宿、吃饭、上下班接送全部免费;坚持"三上门",即员工生病、产假、工伤都要上门探望。职工有病或发生经济困难,公司总是热情相助。有位女工患了肺癌,离开公司已有三年,盛静生仍托公司妇联主席去看望她,并送去 30000 元帮她治病。这位女工激动得泪流满面,连称"救命恩人"。由于对扶贫济困光彩事业的巨大贡献,2002 年 10 月,盛静生被浙江省光彩事业促进会授予"光彩事业金质奖章"。

形势在发展,时代在前进。得时者昌,失时者亡。红帮裁缝从诞生、发展到成为全国最大的服装流派,一直以来不断壮大,长盛不衰,主要秘诀就是顺时而进,永不停步。在成绩面前,罗蒙人继续发扬红帮精神,迈开大步,昂首前进,努力攀登世界服饰的顶峰。

罗蒙的奋斗目标是:做中国服装界最强最大的现代化企业集团,成为世界服饰生产王国。

罗蒙的发展战略是:面向现代化,面向国际,以"罗蒙"品牌为核心竞争力,坚持以服装为龙头,同时坚持多品牌、多元化发展,在做大做强服装业的基础上,向其他产业横向发展。

罗蒙的市场战略是:在国内市场,首先要调整观念,求得新突破,建立更广阔、更稳固的市场网络,提高罗蒙西服的全国市场综合占有率。其次,利用集团 ERP 信息工程,全面实施罗蒙全国市场信息化建设工程和电子商务业务,逐步实现更加规范、先进的产品设计,营销管理信息化,产品销售和售后服务信息化等。第三,不断提升品牌形象和企业形象,提高服务水平,扩大国内市场,并大踏步走向世界,参与全球竞争,进一步扩大欧洲、美洲市场份额,有选择地兼并收购国际服装企业和国际著名品牌,加快罗蒙国际化步伐。

罗蒙的多品牌战略是:实施品牌多元化,不断丰富罗蒙的品牌内涵,提升品牌形象和品牌知名度。通过整体规划,最终实现做中国最大最强服装企业和占据领导地位的国际化、现代化大型企业集团,进而跻身世界著名企业行列。

（本文写作中,采用了陈万丰、季学源等红帮研究学者提供的大量有关资料,谨此致谢!）

红帮发展史纲要

世界西服达人——陈和平与台北格兰西服公司

冯盈之　竺小恩　韩世强

图1　陈和平

我对手工西装,有一份特殊的感情,它不但代表了老师傅的传承,更是我对美学经验的累积。透过针线、量尺,经历国内外西服剪裁的竞技,一路走来,从达官政要到企业新贵,从燕尾大礼服到三颗扣的西装便服、从本土情感到国际时尚观察,我和"格兰西服"一起成长。

——陈和平

2010年9月,浙江纺织服装职业技术学院红帮研究所一行三人赴台湾考察红帮文化,重点考察访问了台北中山北路上的格兰(GRAND)西服公司和其创意总监陈和平先生。

格兰西服公司的发展史,见证了红帮精神在台湾的发扬与光大。在格兰,我们清晰地看到作为新一代的台湾红帮代表——格兰西服公司创意总监陈和平先生不但承传红帮精神和技艺,而且在制作过程中引进新科技,不断研究,不断创新,将手工定制西服推向更高的境界;更值得称道的是,他还主动积极地参与国际西服竞技,与国际时尚接轨,在吸收西方服装设计制作先进性的同时,也将中华民族的红帮传统工艺传送到世界各地,发扬光大。

一、量身定制,承传红帮

格兰西服公司创建于 1970 年。创建人包启新先生为红帮裁缝师傅(台湾人称"上海老师傅"),20 世纪 40 年代末跟随红帮师傅钱世铭先生从上海到香港,后又辗转来到台湾,1970 年在台北中山北路二段创办格兰西服公司,是格兰的第一代掌门人。

40 年前的台北中山北路二段,是名流汇集的时尚区域,有着许多顶尖的西服定制店。格兰自创办之日起,便以量身定做、手工缝制为特色,凭借着红帮师傅扎实严谨的传统技艺,在那时扎根此地。

红帮发展史纲要

1989 年,格兰西服公司新来了一位年轻人,拜包启新为师,3 年满师后,包启新便将格兰交由他执掌。他便是格兰西服公司第二代掌门人——陈和平。

陈和平,出生于 20 世纪 60 年代初,是贫困的矿工子弟。小时候,家里有台缝纫机,陈和平总喜欢踩着玩,或者随便缝一些东西。父母见他对缝纫有兴趣,就在他 15 岁那年(当时他初中还未毕业)让他去学裁缝。

陈和平第一次拜师学艺是在基隆,学徒生活很辛苦,四尺宽的工作台既是他白天工作的地方,也是他晚上睡觉的地方。但陈和平勤快好学,凭着兴趣和毅力坚持学了 3 年,出师后就在基隆开了一家裁缝店。

19 岁那年,陈和平参加台湾裁缝比赛,获得了第三名。这是他人生中第一次拿到奖项,这次获奖给了他极大的鼓励,从此他更加热爱裁缝这一行当,也更坚定了走"裁缝"之路的决心。为了学到更好的手艺,他毅然告别基隆,来到台北,在台北中山北路一家服装店学习,这是他第二次学艺。老板见他聪明勤奋,能吃苦,是可造之才,于是将自己所掌握的裁缝技巧毫无保留地传授给了他。这为陈和平日后在服装事业上的发展打下了扎实的基础。

陈和平第三次拜师学艺是 1989 年的春天,那年,他走进当时极具代表性的手工定制西服名店——格兰西服店,拜包启新老师傅为师,学习老上海西服制作技艺,经过 3 年的学习,陈和平的裁缝技艺更上一层楼。

1992 年,包启新打算退休,于是把格兰的经营权传给陈和平,陈和平作为红帮传人成了格兰西服公司的第二代掌门人。陈和平自接手格兰起,一直秉承师傅的传统,从量身、选料、剪裁、试穿到制作完工,陈和平执掌的格兰自始至终坚持运用最扎实的红帮传统功夫,立志让西服成为完美的艺术品。

以量身来说,这是手工定做的关键环节,也是考验裁缝师傅功力的重头戏,红帮裁缝都十分重视这一环节。陈和平也深谙此道,他认为,做好一件西装最大的挑战,就是如何精准判断客人的身型。为此,在传承红帮师傅"量体裁衣"功夫的同时,他不断地探索研究,独创了量体工具——"红外线水平测量仪"。在红外线水平测量仪探照下,可为客人的身体画出施工蓝图般的路线:长短手、高低肩、厚扁身,二十几个数据,尽显身型的优点和缺陷。

借助仪器为客人精确量身固然重要,但制作手工西服是一种需要懂得"拿捏距离"的行当,而且在服务上常常会出现"两难"的情境,即:在生理上,客人可能与师傅保持距离;但在心理上,客人却希望与师傅没有距离。因此,作为一个优秀的裁缝师傅,在为客人精准量身的同时,还必须用心去了解顾客的心思。而陈和平正是这样一位杰出的世界级"剪刀手",他在为客人量身的同时,也在"丈量"客人的心思,因此他能做出既合身又合意的衣服。对于每一位走进格兰的客人,陈和平都会仔细揣摩顾客的心思,引导顾客参与讨论西装穿着的场合和习惯、西装的选料与款式、发色肤色与西装的色彩搭配等问题;言谈之间,便让顾客内心有了信任感。对于体型有缺陷的顾客,为了避免量体时可能出现的尴尬,陈和平总会引导顾客走进试衣室,在给顾客量身时,他会始终站在客人身后,避免与客人面对面接触。有时候陈和平还会用风趣的语言调节气氛,譬如碰到斜肩的顾客,陈和平会告诉对方"您的肩膀就像衣架子,穿西装会很好看";遇到中年男子在意的大肚腩,陈和平的说法更有趣"站在您旁边,肯定很有安全感"。

对于自己所从事的西服定制工作,陈和平曾经这样诠释:"做西服跟建筑房屋一样,追求比例正确、线条和谐,我的工作在于引导人们找到自己更好的样子。"他认为,"让客人觉得舒服和安全很重要",他要借助他制作的西服"把人的能量引出来"。陈和平这样说,也这样做。格兰的每一件手工定制西服至少都要经过 1 万次以上的手工缝纫动作,比起机器制作的成衣,多了舒适的挺度,但并不会流于僵硬。如此高要求、高水平不仅让陈和平在各类世界西服大赛中屡获佳绩,受到英、意、法、德等国的国际级同业的重视,同时也更受到众多高品味消费者的青睐。许多政要、巨贾、文化名人及其家人一直指名要格兰为其定制西服,海峡交流基金会前董事长江丙坤以及王金平、关中等政要,全家便利店董事长、和泰汽车总经理、知名律师兼海基会前秘书长陈长文、《天下》杂志群创办人殷允芃、花旗环球台股研究部前主管谷月涵等,都是陈和平的常客;许多科技新贵、即将步入婚姻殿堂的新人也慕名前去定制西服,格兰创新的剪裁、时尚的风格备受年轻人喜爱。

二、科教创新,提升品质

陈和平曾经谈起过,做西装这一行已经成为一种使命,他要提升人们穿衣的美感。正因为如此,格兰西服早就走出了台湾地区,踏上了世界服装舞台,陈和平一手把着红帮传统技艺,一手握着创新研究成果,在世界服装舞台上频频亮相,与世界服装大师交流、切磋。

陈和平的创新研究,是多方面的,量体、缝制、款式、面料、经营、穿衣艺术等,凡是服装或与服装领域有关的,他都有兴趣,而且都投入了足够的精力进行探索、研究、创新。他有一句很平常却很感人的话:"只要对服装有好处的,我都愿意做。"因此,陈和平的创新研究涉及方方面面,在此略举一二。

一是技术的创新。这方面尤其值得称道的是红外线水平测量仪的发明。因为量身定制西服必须依照各种身形制作，并达到修饰缺陷、尽善尽美的效果。以往必须仰仗技术纯熟的老师傅依据经验判断，方能修正传统标尺测量的不足，做出一套令顾客满意的服装，这对传统手工西服产业的发展来说是一个瓶颈。因为培养一位技术娴熟的师傅需要长久的时间与丰富的经历，而且依照经验判断往往仍有误差，也容易因为人体突出部位影响，产生局部皱折或紧绷，造成衣摆翘起、前后不同高的情形。陈和平为了突破这一瓶颈，经过不断摸索、研究，终于独创了全自动红外线水平测量仪，率先将红外线水平测量技术运用在定制西服领域，解决了人工测量的误差问题。测量内容包含腹部身形倾斜、两肩高低差、水平经纬度，及前胸与后背水平尺寸数据。再根据尺寸判断挺胸或驼背的增减量、依左右手长短与手臂弯曲度增减袖长、根据腹凸与驼背增加衣长，以及平肩、斜肩、驼背肩的肩型补偿，并与标准版型比较、调整，取得平衡，让身形更好看。如此制作而成的每一套西服符合人体工学，充分修饰身形线条，达到"完美制作的过程"。这项技术让国际西服界都感到惊喜，经过与经济部门合作推广，已与业界共享这一技术。

二是设计创新。陈和平既深谙中国传统服饰文化元素，又熟知西洋服饰文化的特点，因此他在设计中总是巧妙地将中西服饰文化元素融合在一起。

在第 33 届世界洋服联盟大会创意设计比赛中，他设计的男装引用礼服制作的概念，将西方礼服的元素运用到西装的设计上，使原本单一的功能扩充为两用；而领口的部分则采用中西结合的理念，将中式立领与西装一般领型大胆结合起来；所有的扣眼部分均与绲边同色；采用水平制作，使领、下摆与口袋的斜度取得视觉上的平衡。此次比赛陈和平代表中国台湾地区荣获"男装创意评比"最高荣誉奖。在第 30 届世界洋服联盟大会"女装评比秀"创意设计比赛中，参赛者必须以深蓝底浅色条纹的同款毛料，剪裁出两件式套装。陈和平利用不同方向的剪裁技巧，在套装上制造各种纵横向条纹的变化，为了展现技巧，在套装的前襟、后片、侧身等不同部位上拼接出或斜或直的条纹,再搭配下半身直向条纹的中宽版直筒长裤;既具有西方服饰款式新颖、线条百变流畅的特征,又具有东方服饰的协调对称性。

三是将高新科技纺织品运用到定制西服上。把吸湿排汗、远红外线、防电磁波、竹炭纤维,甚至防割防刺防弹等具有高新功能性的纺织品,融入手工西服制作之中,赋予西服穿着机能性特征。譬如防割防刺防弹的安全西装,格兰运用高强度纤维作为布料基底,将其衬在西服的胸前等人体紧要部位或口袋处,使之具有防刺杀与防扒窃等保护功能。由于手工技艺的功力,在外观上完全看不出有什么异样,而且丝毫不改变顶级西装的线条、美感和整体性。

与重视科研创新一样,陈和平也非常注重服装知识的传播工作。他自接手格兰以来,一路研究西装美学的文字数据,从早期薄薄的一张纸,到一本册子,然后是电子书以及最近将要出版的西装研究的书籍。他在大学担任讲师,讲授西服发展的历史、西服款式的选择、服饰搭配艺术、西服穿着礼仪等,从美学的角度提升人们穿衣的美感。他还是《富豪人生》《世界腕表精品情报》等杂志时尚专栏作家,为其撰写服饰鉴赏文章;并不定期地举办高级西服面料鉴赏会,指导人们鉴赏高级布料、品味手工定制西服的妙处。

三、竞技交流,走向世界

陈和平接手格兰的初期,台湾经济不景气,第一年经营相当辛苦。此时,陈和平体会到:定制西服不能只有老师傅那一套本领,还得兼顾国际潮流及设计美学等。于是开始加入西服团体,参加技术讲座,参与国际西服交流及各类竞赛活动。这些年来,陈和平得过许多大奖,参展拿奖对他来说已不是什么稀罕事,但是陈和平仍然重视并珍惜每一次竞赛交流的机会,因为他知道,借由国际大赛拓展自己的视野,进而提升西服制作能力和鉴赏力,这是所有西服达人的坚持和追求。

红帮发展史纲要

事实上，2002 年以来，通过参与国际大赛，与国际级西服大师交流，陈和平的手工西服制作工艺已得到了国际西服业界的肯定，格兰西服已经从容而自信地迈进了世界西服舞台。

　　2002 年 2 月在日本。陈和平参加了全日本注文绅士服技术裁剪竞赛，他一路领先日本选手，夺下最高荣耀"厚生劳动大臣赏"。日本西服技法工整，裁剪精细，不大讲求变化性。参加这种重裁剪功力的日本西服业技术竞赛，给了陈和平一生难忘的经验，他重新自我定位，深切地感受到：扎实的真功夫仍是手工制作西服的关键所在。对此，他曾恳切地说："唯有肯学艺，通达文化演变，满足客人需求，加上手工之精进与流行感之培养，才能成为杰出行家。"这应视为他的经验之论。获得日本厚生劳动大臣赏，不但提振了中国台湾地区定制西服业的士气，而且为中国台湾地区西服竞技跃进国际跨出了有力的一大步。同年，格兰西服又参加了在韩国首尔举办的第 19 届亚洲定制洋服竞技比赛，并获得世界注文洋服联盟最优秀大赏殊荣。

　　2003 年在意大利威尼斯。世界洋服同业联盟（WFMT）第 30 届大会，于 2003 年 7 月 27 日在意大利威尼斯举办。大会众星云集，全球知名时尚品牌，如 Dior、Zegna 等也都应邀与会；来自世界各地约 500 位设计师展出的服装作品，款式新颖、富有现代感，以变幻而又流畅的线条将时尚潮流表露无遗，是欧洲服装界最具代表性的特色作品。陈和平擅长观察流行的最新趋势，紧紧融入时代潮流，在风格、创意上设计出同步国际之惊艳佳作，他的参赛作品——女装套装，运用创意理念，以斜纹布对称性剪裁修长了东方人身形，其协调对称的创意开启了新的设计概念，这一作品在国际舞台中脱颖而出，荣获"女装评比秀"创意设计优异奖。同时还荣获"国际男装秀"最优异的创意设计奖，意大利模特穿着陈和平设计的男装显得卓然出众。格兰锋芒尽显，从此扬名国际舞台。

　　2005 年在德国柏林。格兰西服代表中国台湾地区，参加了第 31 届世界洋服同业联盟大会筹办的首届"男女装技术竞赛金针线奖"，这项竞技的冠军代表着世界顶尖的男女装设计裁缝师的至高荣誉，竞技结果——

"格兰"西服拿下了"世界金针金线男装"总亚军。这一荣誉让格兰受到国际服装界瞩目,不仅成为 Ermenegildo Zegna 与 Scabal 在台湾定制布料的主力名店,而且获得各国定制西服大佬的推崇。格兰将台湾手工西服专业水准推向了国际舞台。

2007 年,第 32 届世界洋服同业联盟大会在中国台湾地区举办。格兰西服男装女装皆荣获"创意设计奖"。大会期间,来自世界各地的师傅们特地到格兰参观,意大利、法国、德国等国国际定制西服界的重量级大师到格兰与陈和平及其师傅们进行交流与互动,针对西服的版型、比例、线条、布料、流行趋势等问题进行深入探讨。大师们十分赞赏格兰的设计工艺和格兰独创的红外线水平测量仪。格兰和陈和平用创新和精彩赢得了世界的肯定。

2008 年在印度尼西亚。格兰西服参加在印度尼西亚举办的亚洲洋服年会,荣获"国际剪裁技术示范讲师""服装文化贡献奖""静态晚礼服竞赛银牌奖"三项大奖。这三项大奖表明国际西服业界对陈和平不只是在西服技术上肯定,而且对于他在推动定制西服产业发展上的贡献也给予充分的肯定。

2009 年在奥地利。格兰作为中国台湾地区洋服男装创意设计竞赛冠军,代表中国台湾地区参加第 33 届世界洋服同业联盟大会创意设计大赛,荣获"男装创意评比"最高荣誉奖。这不仅是中国台湾地区参加世界定制西服竞赛以来获得的男装这一类目的最高荣誉,更是中国服装界首度在世界男装定制西服评比中摘下桂冠。

陈和平在目前中国定制西服高手中堪称年轻的一辈,但他获得的一些大奖项,也许是迄今为止中国人在国际服装界获得的最多最高的荣誉吧。

接手格兰以来,陈和平传承红帮传统技艺,秉承红帮精神,不断创新,积极寻求开拓发展之路。"天分是证明出来的,你不做,没人知道你有天分!"陈和平先生就是这样,他用自己手中的一针一线,证明了自己在服装事业上的天分,缝出了自己精彩的人生,缝出了中国服装业界的国际荣耀。

跋

　　红帮,是中国近现代服饰变革的主力军,全世界不知有多少亿华人穿过他们开创的中国现代服装,但是,有多少人知道红帮的历史功绩呢?就是红帮故乡宁波,到 20 世纪末,知道红帮发展史的人也是甚少的。在社会科学界也有学者搞不清"红帮"的"红"与"青洪帮"的"洪"的区别。现当代史学家们,则多背离传统,抛却了司马迁、司马光、朱熹、曹雪芹、黄宗羲、王国维、鲁迅等大师一贯重视服制的史学传统,在他们的皇皇巨著中,都抛却了服饰志,更不用说给红帮以历史评说了。尤其令人困惑的是 20 世纪出版的多种服装史著作,也很少提到红帮(偶尔也只是"提到"而已),根本没有红帮史料的陈述和分析。所幸的是,改革开放以后,新闻界的同志们,从《人民日报》《光明日报》等中央媒体,到上海、宁波等地的地方报刊、广播电视台的编辑、记者们,将敏锐的史笔和生动的文笔相结合,连续报道了红帮的史迹和创新精神。《人民日报》发表的署名文章和重要报道已有 10 篇以上。

　　宁波人应当为红帮树碑立传,但因多方面原因,这项工作进展迟缓。20 世纪 80 年代以后,红帮故乡的服装业开始复兴了,宁波各地的有识之士,开始调查、整理、展出红帮的史料。21 世纪伊始,宁波服装职业技术学院服装文化研究所和宁波服装博物馆联袂,开始红帮研究工作,在省、市社科界、宁波市服装协会等有关方面和合并后的浙江纺织服装学院等院校的鼎力支持、具体帮助下,取得了一些早期的阶段性成果,引起了文化界、服装界、新闻界的广泛关注,很多著述和报道中,大量引述了这些研究成果,《红帮服装史》被引用、评述尤多。在此基础上,我们认真听取了各方面的意见,进一步发掘史料,2009 年 5 月开始组织编撰《红帮裁缝评传》,试图以"红帮发展史纲要"和"红帮名人名店评传"两大板块,相互照应、相辅相成,以期从宏观和微观两方面深化研究工作。本书是在《红帮裁缝评传》的基础上增补修订而成的。

本书主体部分编写人员如下:

"红帮发展历程评述"部分由季学源撰写。

"红帮名人名店传略"部分:

《红帮第一村——张氏等裁缝世家》由陈万丰、季学源撰写。

《红帮元老——江良通及其裁缝世家》由陈黎明撰写。

《"模范商人"——王才运及其荣昌祥服装公司》由竺小恩撰写。

《"西服王子"——许达昌及其培罗蒙西服号》由竺小恩撰写。

《硕果累累五十载——服装学专家包昌法》由季学源撰写。

《中国服装界的"国家队"——北京红都服装公司》由季学源撰写。

《红帮杰出传承者——罗蒙集团股份有限公司》由王舜祁撰写。

《世界西服达人——陈和平与台北格兰西服公司》由冯盈之、竺小恩、韩世强撰写。

本书图片由宁波服装博物馆提供,特此致谢!

本书中的疏失、不足之处肯定还会有,我们一如既往,除了继续发掘新史料、深化研究工作之外,诚挚欢迎来自各方面的批评、指教。

季学源

2020 年 5 月 28 日